EXPOSITION UNIVERSELLE DE 1878.

MINISTÈRE DE L'AGRICULTURE ET DU COMMERCE.

ADMINISTRATION DES FORÊTS.

NOTICE

SUR

LES DIVERS EMPLOIS DU HÊTRE,

PAR M. CROIZETTE-DESNOYERS,

GARDE GÉNÉRAL DES FORÊTS.

PARIS.

IMPRIMERIE NATIONALE.

1878.

NOTICE

SUR

LES DIVERS EMPLOIS DU HÊTRE.

EXPOSITION UNIVERSELLE DE 1878.

MINISTÈRE DE L'AGRICULTURE ET DU COMMERCE.

ADMINISTRATION DES FORÊTS.

NOTICE

SUR

LES DIVERS EMPLOIS DU HÊTRE,

PAR

M. CROIZETTE-DESNOYERS,

GARDE GÉNÉRAL DES FORÊTS.

PARIS.

IMPRIMERIE NATIONALE.

1878.

SOMMAIRE.

NOTICE

SUR

LES DIVERS EMPLOIS DU HÊTRE.

§ 1ᵉʳ. — EXPOSÉ GÉNÉRAL.

Le climat et la constitution minéralogique du sol d'une grande partie de la France sont éminemment favorables à l'existence ainsi qu'au développement du hêtre. Aussi rencontre-t-on cet arbre dans presque tous les départements, formant l'essence dominante dans certaines régions, ou disséminé çà et là dans les massifs forestiers. Le hêtre est donc une des essences les plus répandues et, par suite de ses emplois si variés, l'une des plus utiles.

Faire connaître la production annuelle en hêtre des forêts soumises au régime forestier, montrer comment se décompose et se répartit cette production, enfin, indiquer sommairement les procédés de fabrication des divers produits, tel est l'objet de cette notice.

Les différents emplois d'une essence dépendent et de sa structure anatomique et de certaines propriétés qui résultent de cette constitution spéciale. Il y a donc lieu tout d'abord de rappeler les caractères distinctifs du bois de hêtre, puis de rechercher, d'une part, quels sont les effets produits par les forces auxquelles le bois peut être soumis dans ses différentes applications, d'autre part, comment il résiste aux influences atmosphériques. L'examen de ces deux sortes de faits permettra de déterminer les divers emplois que le hêtre est susceptible de recevoir.

Les caractères distinctifs du bois de hêtre sont ainsi donnés par M. Mathieu:

Bois lourd, dur, à tissu fibreux, dominant, associé à du parenchyme ligneux disséminé; vaisseaux égaux, petits, isolés, régulièrement disséminés, si ce n'est au bord externe où ils deviennent rares; rayons inégaux, nombreux : les uns larges, indéfinis, peu hauts, assez espacés, les autres très-fins, invisibles à l'œil nu ; couches régulièrement circulaires, concentriques, légèrement rentrantes au passage des gros rayons.

Le hêtre est donc un bois dont le tissu est homogène, d'un grain assez fin, dès lors facile à travailler.

Les bois, lorsqu'ils sont employés, se trouvent soumis à des forces dirigées soit suivant les fibres, soit perpendiculairement à la direction de ces fibres. Ils doivent donc présenter une certaine résistance : dans le premier cas, à la compression ou à l'écrasement, ainsi qu'à l'extension ou à la traction ; dans le second cas, à la flexion. Il convient alors de rechercher quelles sont pour le hêtre ces diverses résistances.

Résistance à la compression. — Lorsqu'une pièce prismatique est pressée par une force dirigée suivant son axe, la rupture se produit par écrasement si le prisme est court, par écrasement et flexion si la longueur augmente, par flexion seule si cette longueur dépasse certaines limites.

Les expériences de M. Hodghinson, faites en prenant des cylindres de bois de $0^m,0254$ de diamètre sur $0^m,508$ de hauteur, ayant par conséquent une hauteur double de leur largeur, donnent :

ESSENCES.	CHARGE PAR CENTIMÈTRE CARRÉ QUI PRODUIT L'ÉCRASEMENT.	
	Bois à l'état ordinaire de sécheresse.	Bois très-sec (desséché dans une étuve pendant 24 heures).
	kilog. gr.	kilog. gr.
Hêtre..	543 455	658 000
Frêne	610 218	658 000
Aune.	480 065	489 130
Chêne anglais.	455 679	706 850
Sapin	456 733	479 222

La résistance du hêtre à la compression ou à l'écrasement est donc supérieure à celle du chêne et de l'aune si le bois est à l'état ordinaire de dessiccation; mais si le bois est très-sec, elle devient inférieure à celle du chêne, égale à celle du frêne, tout en restant supérieure à celle de l'aune.

Résistance à l'extension ou à la traction. — D'après un tableau dressé par Morin et déduit d'un grand nombre d'expériences, les tensions que l'on peut faire supporter avec sécurité aux bois dans les constructions sont, par centimètre carré de section transversale :

Chêne (dans le sens des fibres).......... de 60 à 80 kilogrammes.
Hêtre (dans le sens des fibres)............. 80 ——————
Sapin du Nord (dans le sens des fibres)... de 80 à 90 ——————
Sapin des Vosges (dans le sens des fibres).... 40 ——————

La résistance du hêtre à la traction ou à l'extension est donc égale à celle du chêne.

Résistance à la flexion. — Les expériences de M. Dupin ont été faites sur des parallélipipèdes de 2 mètres de longueur et de $0^m,03$ d'équarrissage, placés sur deux supports et les dépassant très-peu de chaque côté, chargés de poids sans cesse croissants placés en leur milieu, et ont donné les résultats suivants :

ESSENCES.	4 kilog.	8 kilog.	12 kilog.	16 kilog.	20 kilog.	24 kilog.	28 kilog.	RAPPORT DES FLEXIONS en millimètres aux charges en kilogrammes.	DENSITÉ des bois.
	millim.	millim.	millim.	millim.	millim.	millim.	millim.		
Chêne..........	5 8	11 2	17 1	22 6	28 2	34 9	40 6	1 450	0.7324
Hêtre..........	8 4	16 9	25 9	34 5	43 4	54 0	63 5	2 170	0.6595
Sapin du Nord.....	13 0	20 2	"	"	"	"	"	3 275	0.4428

On doit remarquer qu'une flexion de $0^m,040$ pour 2 mètres de portée ou de 1/50 de la portée est excessive et dépasse ce qu'on peut tolérer dans les constructions. En effet, pour une portée de 5 mètres, cela correspondrait à $0^m,10$ de flèche, ce qui est inadmissible. Il faut donc augmenter la hauteur des pièces et diminuer la longueur pour les bois qui, comme le hêtre, sont très-flexibles.

En résumé, le hêtre présente une très-grande résistance à la compression, à l'extension et à la flexion.

D'où vient donc que le hêtre ne soit pas employé dans les grandes constructions, pour faire des tirants, des entretoises et des pièces verticales qui ne travaillent qu'à la compression ou à l'extension?

Durée, permanence de formes. — C'est que ces qualités, tout en étant nécessaires, ne sont pas suffisantes. Une pièce de bois ne doit pas seulement offrir de la résistance à la flexion, à la traction et à la compression, elle doit encore présenter de la durée et une permanence de formes. Or, le bois de hêtre, conservé sous un gros volume, est exposé aux alternatives de sécheresse et d'humidité, est sujet à se fendre; il se tourmente et est attaqué par les vers. Il se gauchit et se déverse par suite du retrait irrégulier de ses fibres pendant qu'il se dessèche. Les couches extérieures du bois séchant plus vite que les couches intérieures, les premières ne prennent pas assez de retrait pour pouvoir contenir les secondes, par conséquent elles éclatent et se fendent.

Il y a lieu de remarquer que ces inconvénients n'existent plus si le hêtre est constamment sous l'eau ou dans des endroits toujours humides; son bois se maintient alors très-bien et dure fort longtemps.

Par conséquent, le hêtre à l'état naturel ne peut, sous un gros volume, être employé comme charpente dans les constructions, mais, d'autre part, il est éminemment propre aux travaux maritimes. Depuis plusieurs années, dans la Seine-Inférieure, on fait avec cette essence des pieux pour pilotis qui servent à l'établissement de digues dans les ports de la Basse-Seine ou de l'Océan.

La résistance à l'écrasement que présente le hêtre permet de l'employer en traverses pour la construction des voies ferrées. Il peut en effet supporter la pression de 5 kilogrammes par centimètre carré exercée sur les traverses par le matériel roulant. Des préparations qui seront indiquées plus loin permettent de lui donner pour cet emploi une durée suffisante.

Tels sont les emplois du hêtre dans les constructions.

Le hêtre est donc surtout un bois de travail, susceptible dès lors de recevoir les applications les plus nombreuses et les plus variées.

Il se fend très-facilement et un grand nombre de mètres cubes sont annuellement transformés en sabots. Puisqu'il est résistant et présente de l'élasticité, il sert à faire du merrain, des cerches, des avirons.

Il donne des sciages nombreux employés par les menuisiers, les ébénistes, les carrossiers, les emballeurs, les tapissiers, les facteurs d'orgues et de pianos.

Sa résistance et son élasticité permettent : 1° aux bourreliers d'en faire des attelles de colliers, des arçons de selles, des jougs à bœufs; 2° aux charrons de l'employer comme jantes de roues, moyeux, brancards, rais de voitures; il entre aussi dans la construction d'instruments agricoles: herses, charrues, rouleaux, machines à battre.

C'est un bon bois de tour; il sert à confectionner des manches de toutes espèces, des bois de chaises, des ustensiles de ménage, des articles pour filatures, des objets de passementerie.

On fabrique encore avec le hêtre des pelles à four et à grains, des bois de brosses, des boîtes, des panneaux de soufflets, des semelles de galoches, etc.

D'autre part, le hêtre est un bois de chauffage excellent.

Du tableau ci-joint il résulte que la production annuelle en hêtre des forêts soumises au régime forestier est de 1,284,223 mètres cubes qui se répartissent ainsi : *Production.*

    Chauffage... 1,023,159 m. cub. ou 80 p. 0/0 environ de la production totale.

    Bois d'œuvre. 261,064 — ou 20 p. 0/0 ————————————

Les bois d'œuvre sont ainsi employés :

Service....	Traverses....	74,854 m. cub. soit environ 5.5 p. 0/0 de la production totale.
	Étais de mines, charpente, etc.	5,164 ———————— 0.4 p. 0/0 ————————
Bois d'industrie et de travail.	Sciages marc^ds.	46,315 ———————— 3.5 p. 0/0 ————————
	Merrain.....	13,004 ———————— 1 p, 0/0 ————————
	Sabotage.....	63,234 ———————— 5 p. 0/0 ————————
	Charronnage..	12,057 ———————— 1 p. 0/0 ————————
	Bois de tour..	8,210 ———————— 0.6 p. 0/0 ————————
	Industries diverses (bourrelerie, soufflets, boîtes, brosses, pelles, cercles, etc.).	38,226 ———————— 3 p. 0/0 ————————
	Total.......	261,064 m. cub. ———————— 20 p 0/0 ————————

TABLEAU

RELATIF

A LA PRODUCTION ANNUELLE EN HÊTRE

DES FORÊTS SOUMISES AU RÉGIME FORESTIER.

TABLEAU RELATIF À LA PRODUCTION ANNUELLE EN HÊTRE

N° de la conservation.	DÉPARTEMENT.	PRODUCTION TOTALE. (Mètres cubes.)	CHAUFFAGE. (Mètres cubes.)	BOIS DE SERVICE. Traverses. Mètres cubes.	Renseignements divers.	Emplois divers. Mètres cubes.	Renseignements divers.	DÉTAIL Sciages marchands. Mètres cubes.	Renseignements divers.
1.	Oise......	40,730	18,320	5,330	Traverses employées par la compagnie du Nord.	200	Étais de mines pour le Nord et le Pas-de-Calais.	3,700	Menuiserie et ébénisterie. Envois en grume à Paris. (Envois à Paris. Consommation locale.)
	Seine-et-Marne.	3,300	2,000	//	....	//	....	620	Entrevous, échantillons, membrures. (Envois à Paris. Consommation locale.)
	Seine-et-Oise.	1,239	715	//	....	//	....	480	Idem ....
2.	Seine-Inférieure.	64,343	42,314	10,939	Compagnies du Nord et de l'Ouest.	733	Pieux pour pilotis.	3,400	Plateaux expédiés en Angleterre et à Paris. Envois en grume à Paris. Sciages ordinaires.
	Eure......	18.613	9,369	2,345	Compagnie du Nord.	//	....	2,319	Feuillets, planches, plateaux. (Meubles, pianos, carrosserie.) (Consommation locale $\frac{8}{10}$. Paris $\frac{2}{10}$.)
3.	Côte-d'Or..	30,930	25,452	1,052	Compagnies P.-L.-M. et de l'Est.	//	....	170	Plateaux et planches. (Consommation locale. Lyon, Paris.)
4 et 4 bis.	Meurthe-et-Moselle.	73,561	69,789	664	Compagnie de l'Est.	//	....	1,362	Échantillons, membrures, etc. Sciages pour pianos. Envois en grume en Belgique et en Alsace-Lorraine.
7.	Aisne	37,231	18,941	6,540	Compagnie du Nord.	//	....	7,560	Menuiserie et ébénisterie, pianos. Envois en grume à Paris. (Envois à Paris.)
	Nord......	28,981	9,848	1,132	Idem......	816	Étais de mines. (Nord et Anzin.)	1,534	Menuiserie et ébénisterie. (Lille, Valenciennes, Saint-Quentin.)
	Pas-de-Calais.	4,606	2,798	1,500	Idem......	136	Idem......	//	....
	Somme.....	6,640	4,240	//	....	//	....	300	Menuiserie et ébénisterie. (Paris et consommation locale.)
	A reporter....	310,174	203,786	29,502	....	1,885	....	21,445	....

DES FORÊTS SOUMISES AU RÉGIME FORESTIER.

DE LA PRODUCTION.

BOIS D'INDUSTRIE ET DE TRAVAIL.

Merrain.	Sabotage.	Bois de charronnage.		Bois de tour.		Industries diverses.		OBSERVATIONS.
Mètres cubes.	Mètres cubes.	Mètres cubes.	Renseignements divers.	Mètres cubes.	Renseignements divers.	Mètres cubes.	Renseignements divers.	
650	//	350	Jantes de roues, instruments agricoles.	430	Manches divers, bois de chaises, boutons porte-manteaux, etc.	11,750	Bois de brosses, boîtes, soufflets, jouets, semelles de galoches, coulisses de lits, malles, barres de vannerie, échalas.	Les bois de bourrelerie comprennent les attelles de colliers, les arçons de selles, fûts de bâts, fûts de sellettes, etc.
600	//	//	. . . .	//	. . . .	80	Formes de chaussures.	Les cerches sont les bordures de tamis, de cribles, etc.
44	//	//	. . . .	//	. . . .	//		Les 5ᵉ et 6ᵉ conservations étaient celles de Strasbourg et de Colmar.
1,201	3,400	//	. . . .	756	Envoyés en grume à Hermes (Oise) pour manches et autres bois de tour.	1,600	Pelles, semelles de galoches, pinces pour extraire les chardons, porte-seaux.	
//	3,630	//	. . . .	//	. . . .	950	Bois de brosses, planches à chaufferettes et à cercueils.	
//	2,252	444	Jantes de roues et instruments agricoles.	300	Manches divers..	1,260	Coulisses de lits, semelles de galoches.	
//	720	811	Jantes de roues fendues et sciées, instruments agricoles.	//	. . . .	215	Pelles à four, brosses, souricières, boîtes à fromages.	
870	//	//	. . . .	//	. . . .	3,320	Bois de bourrelerie, brosses, cerches, soufflets et emplois divers.	
5,254	7,289	1,347	Jantes de roues et emplois divers.	582	Plats, sébiles, bobines pour filatures.	1,179	Pelles et cerches, bois de verrerie, boîtes devant contenir des graisses.	
75	//	//	. . . .	//	. . . .	97	Bois de brosses.	
2,000	//	//	. . . .	//	. . . .	100	Bois de bourrelerie.	
10,694	17,291	2,952	. . . .	2,068	. . . .	20,551		

N° de la conservation.	DÉPARTEMENT.	PRODUCTION TOTALE, (Mètres cubes.)	CHAUFFAGE. (Mètres cubes.)	BOIS DE SERVICE.				DÉTAIL	
				Traverses.		Emplois divers.		Sciages marchands.	
				Mètres cubes.	Renseignements divers.	Mètres cubes.	Renseignements divers.	Mètres cubes.	Renseignements divers.
	Report......	310,174	203,786	29,502	....	1,885	....	21,445	....
8.	Aube......	13,863	10,807	910	Compagnie P.-L.-M.	"	....	420	Plateaux pour la menuiserie. (Paris et consommation locale.)
	Yonne.....	14,389	13,124	481	Idem......	"	....	337	Quartelots pour menuisiers et sciages pour carcasses de meubles. (Consommation locale.)
9.	Vosges....	129,145	104,947	9,281	Compagnie de l'Est.	"	....	2,570	Menuiserie et ébénisterie. (Paris et consommation locale.)
10.	Marne	5,828	5,303	90	Idem......	"	....	250	Plateaux et planches. Envois en grume à Paris. (Paris et consommation locale.)
	Ardennes..	17,471	13,771	364	⅔ en Belgique, ⅓ compagnie du Nord.	440	Étais de mines.	1,365	Plateaux, feuillets, planches. Envois en grume à Paris. (Paris et consommation locale.)
12.	Doubs.....	116,915	96,813	13,702	Compagnies de l'Est et P.-L.-M.	"	....	824	Menuiserie et ébénisterie. (Consommation locale.)
	Haut-Rhin .	15,100	14,580	300	Compagnie de l'Est.	"	....	100	Entrevous, échantillons.
13.	Jura......	31,551	27,011	1,399	P.-L.-M. et chemins de fer suisses.	"	....	1,220	Plateaux, planches, lambris. (Consommation locale.)
14.	Isère.....	33,192	32,285	"	....	"	....	625	Plateaux et planches. (Consommation locale. Lyon.)
	Rhône, Loire.	"	"	"	....	"	....	"	....
15.	Calvados ..	8,683	5,678	"	....	540	Étais de mines. (Littry.)	"	....
	Eureet-Loir.	4,195	1,655	"	....	"	....	"	....
	Orne	14,355	7,075	420	Compagnie de l'Ouest.	"	....	340	Plateaux et planches. (Consommation locale.)
	A reporter...	714,861	536,835	56,449	....	2,865	....	29,502	....

E LA PRODUCTION.

BOIS D'INDUSTRIE ET DE TRAVAIL.

Merrain.	Sabotage.	Bois de charronnage.		Bois de tour.		Industries diverses.		OBSERVATIONS.
Mètres cubes.	Mètres cubes.	Mètres cubes.	Renseignements divers.	Mètres cubes.	Renseignements divers.	Mètres cubes.	Renseignements divers.	
10,694	17,291	2,952	....	2,068	....	20,551		
"	1,475	135	Jantes de roues et emplois divers.	"	....	116	Pelles et bois de bourrelerie.	
85	149	173	Jantes de roues, fonds et siéges de voitures.	"	....	40	Jougs à bœufs.	
508	7,317	1,872	Jantes de roues et autres emplois.	350	Sébiles, bobines pour filatures.	2,802	Bois de brosses, semelles de galoches, pelles, cerches, échalas.	
9	"	185	Idem........	"	....	"		La 11ᵉ conservation était celle de Metz.
230	320	753	Idem........	28	Bois de chaises..	200	Bois de brosses.	
"	2,396	1,442	Jantes de roues, voitures communes, rouleaux pour l'agriculture.	250	Montures de moulins à café et à poivre, broches pour filatures.	1,488	Moulins à café et boîtes à musique, bois de brosses, articles pour quincaillerie.	
"	90	30	Jantes de roues.	"	....	"		
"	798	229	Jantes de roues, rais et moyeux	808	Robinets de fontaines, etc., bobines pour filatures, manches d'instruments.	86	Cercles pour cuviers, pelles à four.	
"	"	79	Jantes de roues.	90	Manches de parapluies.	113	Lattes, pâte à papier.	
"	"	"	....	"	....	"	....	Production insignifiante en hêtre.
250	1,209	"	....	"	....	1,000	Soufflets, bois de bourrelerie, pelles, battoirs.	
"	2,540	"	....	"	....	"		
1,460	3,800	"	....	490	Jattes et écuelles, manches de parapluies.	770	Semelles de galoches, pelles, bois de bourrelerie.	
12,719	37,385	7,850	....	4,084	....	27,172		

N° de la conservation.	DÉPARTEMENT.	PRODUCTION TOTALE. (Mètres cubes.)	CHAUFFAGE. (Mètres cubes.)	BOIS DE SERVICE.				Sciages marchands.	DÉTAI
				Traverses.		Emplois divers.			
				Mètres cubes.	Renseignements divers.	Mètres cubes.	Renseignements divers.	Mètres cubes.	Renseignements divers.
	Report......	714,761	536,835	56,449	....	2,865	....	29,502	....
15. (Suite)	Sarthe....	7,058	2,856	//	....	//	....	//	....
16.	Meuse.....	100,702	91,664	11	Compagnie de l'Est.	12	Étais de mines.	2,797	Membrures, planches, plateaux. (Consommation locale. Paris.)
17.	Saône-et-Loire.	19,399	14,579	2,160	Compagnie P.-L.-M.	630	Étais de mines. (Creuzot.)	863	Lames de parquets, planches, plateaux. (Consommation locale.)
	Ain.......	22,160	21,564	//	....	//	....	//	....
18.	Ariége....	22,758	22,519	//	....	139	Charpente..	//	....
	Haute-Garonne.	12,565	10,528	//	....	7	Idem......	2,030	Planches et madriers. (Bordeaux et Toulouse.)
19.	Indre-et-Loire.	1,173	946	//	....	//	....	189	Membrures, madriers, colonnes en hêtre. (Consommation locale.)
	Loir-et-Cher.	1,433	891	//	....	//	....	//	....
	Loiret....	1,275	1,042	//	....	//	....	203	Planches et madriers. (Consommation locale.)
20.	Nièvre....	15,586	14,665	//	....	//	....	30	Menuiserie. (Locale.)..
	Indre.....	//	//	//	....	//	....	//	....
	Cher......	3,106	2,333	215	Compagnie de Lyon.	//	....	203	Membrures, plateaux. Envois en grume.
21.	Allier....	15,277	8,133	313	Idem......	609	Étais de mines. (Voir chêne.)	535	Plateaux et feuillets. (Clermont, Lyon, Roanne.)
	Creuse....	1,933	1,610	//	....	282	Idem......	41	Planches et plateaux....
	Puy-de-Dôme.	5,052	5,022	//	....	//	....	30	Planches............
22.	Gers......	//	//	//	....	//	....	//	....
	Hautes-Pyrénées.	17,273	17,159	//	....	//	....	114	Madriers............
	A reporter...	961,020	752,346	59,148	....	4,604	....	36,537	....

DE LA PRODUCTION.

BOIS D'INDUSTRIE ET DE TRAVAIL.

| Merrain. | Sabotage. | Bois de charronnage. | | Bois de tour. | | Industries diverses. | | OBSERVATIONS. |
Mètres cubes.	Mètres cubes.	Mètres cubes.	Renseignements divers.	Mètres cubes.	Renseignements divers.	Mètres cubes.	Renseignements divers.	
12,719	37,385	7,850	....	4,084	....	27,172		
230	2,852	»	....	190	Manches de toutes espèces..	930	Bois de bourrelerie, poêles, battoirs, godets percés, semelles de galoches.	
»	1,334	874	Herses, moyeux et jantes de roues, oreilles de charrues, instruments agricoles.	1,752	Manches, bois de chaises et de meubles, objets de passementerie, écuelles, métiers à broder.	2,258	Bois de brosses, bois de bourrelerie, coulisses de lits, battoirs, salières.	
»	880	211	Jantes de roues.	70	Chaises communes.	»		
»	»	»	....	605	Chaises, manches, baguettes à tisser les soieries.	»		
»	100	»	....	»	....	»		
»	»	»	....	′	....	»		
»	38	»	....	»	....	»		
»	542	»	....	»	....	»		
»	»	»	....	»	....	30	Formes de chaussures.	
5	811	20	Jantes de roues.	»	....	55	Pelles et jougs.	
»	»	»	....	»	....	»	....	Production insignifiante en hêtre.
»	155	100	Jantes de roues.	»	....	100	Bois de bourrelerie.	
»	5,266	100	Idem........	50	Vaisselle en bois.	211	Idem.	
»	»	»	....	»	....	»		
»	»	»	....	»	....	»		
»	»	»	....	»	....	»	....	Idem.
′	»	»	....	»	....	»		
12,954	40.363	9,155	....	6,757	....	30,756		

FORÊTS. — Emplois du hêtre.

N° de la con-ser-va-tion.	DÉPARTE-MENT.	PRO-DUCTION TOTALE. (Mètres cubes.)	CHAUFFAGE. (Mètres cubes.)	DÉTAIL					
				BOIS DE SERVICE.				Sciages marchands.	
				Traverses.		Emplois divers.			
				Mètres cubes.	Renseignements divers.	Mètres cubes.	Renseignements divers.	Mètres cubes.	Renseignements divers.
	Report......	961 620	752,346	59,148	....	4,604	....	36,537	....
22. (Suite)	Basses-Pyrénées.	34,762	26,128	//	....	//	....	1,932	Madriers, lattes, bardeaux. (Bayonne et Toulouse.)
	Ille-et-Vilaine.	8,618	4,680	//	....	//	....	//	....
	Maine-et-Loire.	1,606	890	//	....	//	....	416	Plateaux, madriers. (Consommation locale.)
23.	Loire-Inférieure.	2,672	1,518	//	....	//	....	432	Idem...............
	Morbihan..	1,311	796	//	....	//	....	//	....
	Finistère..	4,171	2,805	//	....	40	Bois de quille pour bateaux de pêche. (Concarneau.)	10	Plateaux...........
	Charente-Inférieure.	//	//	//	....	//	....	//	....
24.	Deux-Sèvres.	4,700	3,520	//	....	//	....	500	Madriers. (Consommation locale.)
	Vendée....	//	//	//	....	//	....	//	....
	Charente..	1,622	1,593	//	....	//	....	24	Madriers...........
25.	Aude......	13,052	12,913	//	....	//	....	//	....
	Tarn......	13,679	12,808	//	....	//	....	447	Plateaux pour la menuiserie locale.
	Pyrénées-Orientales.	2,900	2,000	//	....	//	....	300	Idem...............
26.	Basses-Alpes.	9,714	7,566	//	....	520	Charpente..	228	Planches pour meubles et parquets. (Consommation locale.)
	Bouches-du-Rhône..	//	//	//	....	//	....	//	....
	Vaucluse..	610	600	10	Compagnie P.-L.-M.	//	....	//	....
27.	Ardèche, Gard, Hérault, Lozère.	2,860	2,432	//	....	//	....	42	Plateaux et planches. (Montpellier et Cette.)
	À reporter...	1,063,897	833,205	59,158	....	5,164	....	40,918	....

DE LA PRODUCTION.

BOIS D'INDUSTRIE ET DE TRAVAIL.

Merrain.	Sabotage.	Bois de charronnage.		Bois de tour.		Industries diverses.		OBSERVATIONS.
Mètres cubes.	Mètres cubes.	Mètres cubes.	Renseignements divers.	Mètres cubes.	Renseignements divers.	Mètres cubes.	Renseignements divers.	
12,954	49,363	9,155	....	6,757	....	30,756		
"	3,438	"	....	"	....	3,214	Panneaux de soufflets, semelles de galoches, cerches, avirons, brosses.	
"	3,754	"	....	"	....	184	Soufflets, brosses, bois de bourrelerie, pelles, ustensiles de ménage.	
"	300	"	....	"	....	"		
"	722	"	....	"	....	"		
"	465	50	Jantes de roues, brais pour le chanvre, brouettes.	"	....	"		
50	1,256	10	Jantes de roues.	"	....	"		
"	"	"	....	"	....	"	....	Production insignifiante ou hêtre.
"	"	"	....	"	....	680	Pelles, brosses.	
"	"	"	....	"	....	"	....	Idem.
"	"	"	....	"	....	"		
"	"	134	Jantes de roues.	"	....	"		
"	"	"	....	224	Chaises et manches.	200	Soufflets.	
"	"	"	....	"	....	"		
"	300	1,000	Jantes de roues, instruments agricoles.	"	....	100	Cercles pour tamis.	
"	"	"	....	"	....	"	....	Idem.
"	"	"	....	"	....	"		
"	47	"	....	339	Chaises........	"		
13,004	59,045	10,340	....	7,320	....	35,134		

3.

N° de la con-serva-tion.	DÉPARTE-MENT.	PRO-DUCTION TOTALE. (Mètres cubes.)	CHAUFFAGE. (Mètres cubes).	DÉTAIL					
				BOIS DE SERVICE.					
				Traverses.		Emplois divers.		Sciages marchands.	
				Mètres cubes.	Renseignements divers.	Mètres cubes.	Renseignements divers.	Mètres cubes.	Renseignements divers.
	Report	1,063,897	833,205	59,158	....	5,164	....	40,918	....
	Aveyron ...	498	424	//	....	//	....	//	....
	Cantal	6,000	5,518	382	Compagnie P.-L.-M.	//	....	100	Plateaux...........
28.	Corrèze ...	//	//	//	....	//	....	//	....
	Haute-Loire.	//	//	//	....	//	....	//	....
29.	Gironde ...	//	//	//	....	//	....	//	....
30.	Corse	3,260	1,794	//	....	//	....	//	....
31.	Haute-Marne.	78,500	68,840	4,830	Compagnie de l'Est.	//	....	2,800	Échantillons, membrures, entrevous, planches, plateaux. (Paris. Localité. Compagnie de l'Est.)
32.	Haute-Saône.	83,905	69,825	9,434	Compagnies de l'Est et de P.-L.-M.	//	....	537	Plateaux, madriers, sciages pour la compagnie de l'Est. (Paris et consommation locale.)
33.	Haute-Savoie.	14,000	12,200	//	....	//	....	900	Plateaux et sciages pour menuisiers. (Midi et Lyon.)
	Savoie	15,893	15,893	//	....	//	....	//	....
34.	....	//	//	//	....	//	....	//	....
35.	Hautes-Alpes.	7,220	5,910	459	Compagnie P.-L.-M.	//	....	360	Planches et plateaux. (Envois à Marseille et à Nîmes.)
	Drôme.	11,050	9,550	600	Idem	//	....	700	Planches et plateaux. (Marseille.)
	Total général ..	1,284,223	1,023,159	74,854	....	5,164	....	46,315	....

E LA PRODUCTION.

BOIS D'INDUSTRIE ET DE TRAVAIL.

Merrain.	Sabotage.	Bois de charronnage.		Bois de tour.		Industries diverses.		OBSERVATIONS.
Mètres cubes.	Mètres cubes.	Mètres cubes.	Renseignements divers.	Mètres cubes.	Renseignements divers.	Mètres cubes.	Renseignements divers.	
13,004	59,645	10,340	. . . .	7,320	. . . .	35,134		
"	"	"	. . . .	"	. . . .	74	Caisses pour emballage.	
"	"	"	. . . .	"	. . . .	"		
"	"	"	. . . .	"	. . . .	"	. . . .	Production insignifiante en hêtre.
"	"	"	. . . .	"	. . . .	"	. . . .	Idem.
"	"	"	. . . .	"	. . . .	"	. . . .	Idem.
"	"	"	. . . .	"	. . . .	1,460	Emplois divers et variables.	Consommation incertaine jusqu'à présent.
"	600	700	Moyeux, oreilles de charrues, jantes de roues, herses.	280	Chaises et autres objets.	450	Cercles, râteaux à faner.	
"	2,789	408	Idem	260	Chaises	652	Caisses pour emballage, cercles, pelles.	
"	200	200	Jantes de roues, versoirs de charrues, etc.	200	Manches divers..	300	Brosses et soufflets.	
"	"	"	. . . .	"	. . . .	"		
"	"	"	. . . .	"	. . . .	"	. . . .	Production insignifiante en hêtre.
"	"	200	Jantes de roues.	150	Chaises	150	Pelles.	
"	"	200	Idem	"	. . . .	"		
13,004	63,234	12,057	. . . .	8,210	. . . .	38,226		

§ 2. — BOIS DE CHAUFFAGE.

8o p. o/o de la production totale.

La situation en montagne de nombreuses forêts où on rencontre le hêtre; les difficultés d'exploitation et de vidange qui en résultent; la grande quantité de gros arbres qui, étant compris dans les affouages, sont transformés en bois de feu; le prix extraordinaire du bois de chauffage dans certaines régions, l'Est par exemple, et le faible écart qui existe alors entre la valeur du hêtre, comme bois de feu et comme bois d'industrie; la grande quantité de forêts traitées en taillis sous futaie où les réserves de cette essence sont fréquemment viciées et de qualité médiocres; trop souvent enfin l'absence d'usines situées à proximité des massifs boisés et pouvant, dès lors, transformer facilement le hêtre en produits industriels: telles sont les causes multiples qui font que 8o p. o/o environ de cette production des forêts soumises au régime forestier sont actuellement employés comme bois de chauffage. Sans aucun doute, la facilité des transports qui s'accroît sans cesse, l'établissement de nouvelles usines, les améliorations incessantes apportées dans le traitement des forêts, tendent à diminuer cette énorme proportion et permettront de donner au hêtre les emplois les plus utiles pour la consommation et les plus avantageux, à la fois, pour les acquéreurs des coupes et pour les propriétaires des bois.

Une notice spéciale fera connaître tout ce qui est relatif au bois de chauffage; on se bornera donc ici à rappeler sommairement ce qui est spécial au hêtre.

Le hêtre fournit un chauffage excellent; sa puissance calorifique a été même fréquemment prise pour unité, non parce qu'elle est la plus élevée, car elle est surpassée par celle du charme et du sorbier, mais à cause de l'abondance de l'espèce et de son fréquent emploi.

Le charbon de bois provenant du hêtre est de bonne qualité, peu cassant, peu gerçuré et très-sonore. Il conserve la forme du bois dont il provient; sa cassure enfin est très-brillante.

§ 3. — BOIS DE SERVICE.

1° Traverses : 5.5 p. o/o de la production totale en hêtre.

2° Emplois divers : o.4 p. o/o de la production totale en hêtre.

———

1° TRAVERSES.

Les ressources considérables en hêtre que présentent nos forêts, les améliorations qui sont sans cesse apportées dans les procédés de conservation des bois, le prix toujours croissant du chêne, la durée de la traverse en hêtre convenablement préparée : telles sont les causes qui tendent à donner de plus en plus d'importance au débit du hêtre en traverses.

La construction des nouvelles voies ferrées et l'entretien des lignes existantes exigent l'emploi d'une énorme quantité de bois.

Les traverses de chemins de fer sont en effet placées dans les conditions les plus défavorables à leur durée. Elles sont, d'une part, soumises à des alternatives constantes d'excessive sécheresse ou d'extrême humidité, circonstances éminemment contraires à leur conservation. D'autre part, le poids des véhicules qui circulent sur la voie porte tout entier sur les traverses : sous cette pression les coussinets tendent à s'enfoncer dans le bois; de plus les efforts transversaux que reçoivent les rails ébranlent sans cesse les chevilles qui maintiennent les coussinets. Les causes de destruction naturelle, pourriture et décomposition, et les effets produits par le passage des trains, contribuent donc simultanément à l'altération des traverses.

Dès lors, les bois, pour être débités en traverses, doivent présenter les qualités suivantes :

1° Il faut qu'ils aient une grande résistance à l'écrasement ou à la compression, puisque la traverse transmet au ballast une pression de 4 à 5 kilogrammes par centimètre carré;

2° Que les fibres soient bien serrées et le tissu bien homogène;

3° Qu'ils puissent, sans une décomposition rapide, supporter les alternatives de sécheresse ou d'humidité.

Le hêtre à l'état naturel remplit très-bien les deux premières conditions, et la troisième s'obtient facilement par une préparation spéciale destinée à neutraliser les principes de décomposition qu'il contient.

La traverse doit avoir une certaine stabilité par sa masse, ne pas être trop courte et inférieur, à $2^m,60$, si la largeur de la voie est de $1^m,50$; une traverse mince devient fragile; les attaches y sont de plus mal fixées; sa largeur, enfin, doit lui permettre de répartir sur une surface de ballast assez étendue la charge qu'elle supporte. Quant à l'épaisseur, il suffit qu'elle dépasse de quelques centimètres la longueur de la cheville. Une épaisseur de $0^m,14$ convient bien.

Les dimensions moyennes des traverses sont :

Longueur. 2ᵐ,6oᶜ
Largeur. . . . .   o 24
Épaisseur. . . . .   o 14

Une traverse moyenne cube donc oᵐ,o87, c'est-à-dire qu'on peut en avoir douze au mètre cube.

Les traverses en hêtre employées par les diverses compagnies de chemins de fer n'ont pas toutes exactement les mêmes dimensions. Le poids des rails et du matériel roulant, la plus ou moins grande circulation des trains, la nature du ballast qui sert à la construction de la voie, motivent des différences peu importantes d'ailleurs, puisqu'elles ne sont que de quelques centimètres pour la longueur, la largeur ou l'épaisseur. Quelques compagnies exigent des traverses de joint et des traverses intermédiaires; d'autres, au contraire, n'emploient que ces dernières et placent alors celles qui présentent les plus grandes dimensions à la jonction des deux rails.

Les formes sont très-variables : c'est la compagnie du Nord qui emploie généralement les plus petites traverses; les croquis ci-dessous font donc connaître à peu près le minimum des formes et des dimensions exigées. On admet des traverses ayant des sections rectangulaires, avec deux et trois faces de sciage, ou demi-rondes. D'après le cahier des charges : 1° la section des traverses rectangulaires à trois faces de sciage (croquis nᵒˢ 1, 2 et 3) sera de oᵐ,22 à oᵐ,3o de largeur sur oᵐ,12 à oᵐ,14 d'épaisseur; il ne sera admis que 4 p. o/o de celles n'ayant que oᵐ,22 à oᵐ,23 de largeur.

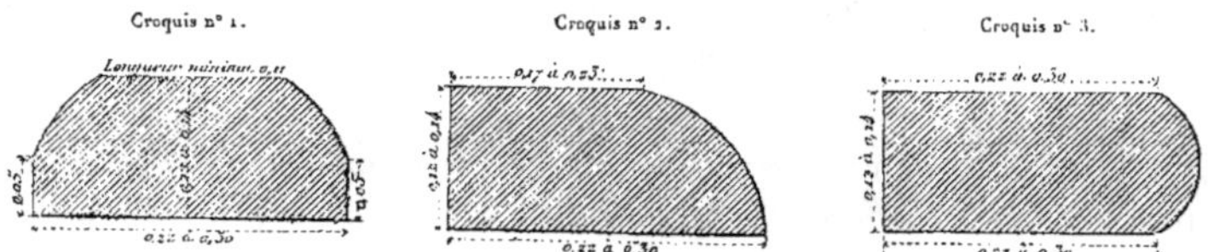

La face inférieure de la traverse n° 1 aura les deux arêtes vives, les deux faces latérales seront sans flaches sur une hauteur de oᵐ,5 et la face supérieure aura au moins oᵐ,11 de largeur dans le milieu et sur toute la longueur de la traverse.

Croquis n° 4.

Croquis n° 5.

2° La section des traverses demi-rondes (croquis n° 4) sera de 0ᵐ,26 à 0ᵐ,32 de largeur sur 0ᵐ,13 à 0ᵐ,16 d'épaisseur.

3° La section de la traverse à deux faces de sciage et une face circulaire (croquis n° 5) sera de 0ᵐ,26 à 0ᵐ,32 de largeur à la base, de 0ᵐ,13 à 0ᵐ,16 d'épaisseur. La partie la plus épaisse de ces traverses devra se trouver à 10 centimètres au moins de la face latérale sciée.

Telles sont les formes et les dimensions minimum des traverses en hêtre. De plus, elles doivent être sensiblement droites et on tolère seulement une courbure telle que la flèche soit de 1/20 de la longueur; la face inférieure est parfaitement plane et les extrémités de chaque pièce de bois sont terminées par une section perpendiculaire à la longueur. Des croquis montrent comment peuvent être débités les arbres de différentes grosseurs [1].

Pour assurer la conservation des traverses en hêtre, il est indispensable de les soumettre à une préparation spéciale destinée à neutraliser les principes de décomposition.

Les différents modes de préparation des traverses peuvent être classés en deux catégories: les uns consistent à chasser des bois les principes destructeurs qu'ils contiennent et à les remplacer par une substance neutralisante; les autres ont seulement pour but de préserver la surface extérieure et ne pénètrent pas l'intérieur du bois. On examinera donc successivement les modes de conservation par injection et les procédés de préservation extérieure.

Ils reposent tous sur un principe émis par le docteur Boucherie : chasser la sève du bois et y substituer un liquide antiseptique.

C'est le premier employé et le plus rationnel de tous. Le docteur Boucherie introduit, à l'aide de la pression, du sulfate de cuivre dans la pièce à préparer. Cette pression, réglée ordinairement à 1 kilogramme par centimètre carré de la section d'introduction, s'obtient en plaçant les cuves qui contiennent la dissolution sur un échafaudage élevé de 10 mètres environ. Sous la pression, le

---

[1] Voir note page 85.

liquide chasse la séve et s'introduit dans le bois. La séve sort d'abord pure, puis mélangée de sulfate; on continue l'opération jusqu'à ce que la dissolution sorte seule : on est certain alors qu'elle remplit tous les vaisseaux du bois. Le temps que dure l'opération varie avec le degré de siccité du bois, la grosseur des tronces, l'état et la température de l'atmosphère; il faut au moins cinq heures.

Ce procédé éminemment rationnel ne peut être appliqué qu'à des bois non écorcés et d'abatage récent. Si les bois sont écorcés, l'écoulement a lieu par côté; si les bois sont secs, la dissolution ne pénètre que très-difficilement, à moins que l'on n'augmente la pression, ce qui devient fort onéreux.

Le sulfate de cuivre est introduit dans les bois en grume à raison de 5^k,500 par mètre cube de traverses. Le titre de la dissolution est de 1^k,500 par hectolitre d'eau, soit 15 kilogrammes par mètre cube. La quantité de sulfate absorbée est constatée soit par analyse chimique, soit sur le chantier, au moyen d'un réactif composé de 90 grammes de cyanoferrure de potassium dissous dans un litre d'eau, qui est étendu avec un pinceau à la surface du bois. L'opération a été bien faite lorsque le réactif donne au bois une coloration rouge très-apparente; si la coloration est rose, la préparation est insuffisante.

Les compagnies du Nord et de l'Est, achetant des bois en grume, emploient ce procédé. L'arbre amené sur le chantier est découpé à la longueur de 2 ou 3 traverses, puis injecté. Les billes ainsi préparées sont alors débitées en traverses à l'aide d'une scie mécanique. Ce mode de préparation revient à 1 franc environ par traverse.

<table>
<tr><td>Préparation
en vase clos,
par
vide et pression.</td><td>Pour obtenir une préparation expéditive qui s'applique à un grand nombre de traverses à la fois débitées à l'avance, on a recours au procédé dit en vase clos, par vide et pression.</td></tr>
</table>

On met les traverses dans un cylindre dont l'air est expulsé par un courant de vapeur; ensuite on fait le vide, et le maximum de tension ne doit pas dépasser 0^m,06 de mercure. Ce vide est maintenu dans l'appareil tout le temps nécessaire pour enlever au bois son excès d'humidité et permettre le dégagement des gaz qu'il renfermait.

Puis le cylindre est rempli de la dissolution élevée à la température de 50 degrés; on la refoule progressivement jusqu'à ce qu'elle atteigne une pression de 4 à 8 atmosphères. Cette pression est maintenue à l'aide de pompes foulantes jusqu'à ce que le bois soit pénétré à refus, et dans tous les cas l'opération ne doit pas durer moins d'une demi-heure.

Les résultats de la préparation sont constatés en sciant deux traverses ayant 5 mètres de longueur et une épaisseur double des traverses ordinaires. On emploie alors le cyanoferrure de potassium comme précédemment.

La dissolution est formée par 2 kilogrammes de sulfate de cuivre par hectolitre d'eau, soit 20 kilogrammes par mètre cube, et on fait entrer dans le bois environ 200 à 250 litres de dissolution par mètre cube de traverses.

Ce procédé est plus expéditif que celui du docteur Boucherie, puisqu'on injecte environ 200 traverses à la fois, mais il exige une installation plus dispendieuse et les résultats sont moins complets que dans le système précédent. Toutefois, le procédé en vase clos, à cause de sa commodité, de sa rapidité, et malgré ses imperfections, est de beaucoup le plus employé. L'opération revient à 70 centimes environ par traverse.

Le sulfate de cuivre n'est pas la seule substance neutralisante employée dans la préparation des traverses; on fait aussi usage de la créosote.

La créosote est l'huile lourde qui, vers 200 degrés, se dégage dans la distillation du goudron de gaz, et cette substance, à cause de sa facilité de pénétration, donne un remplissage plus complet. Elle n'a pas l'inconvénient assez grave du sulfate de cuivre, de décomposer les rails ou les coussinets mis en contact avec lui et de former dès lors des sulfates de fer qui altèrent le bois avec rapidité. Toutefois il convient d'ajouter que sa supériorité n'est pas encore bien établie.

L'injection à la créosote se fait par le même procédé que celle au sulfate de cuivre. Elle coûte un peu plus cher à cause du prix de la matière employée: elle revient à 90 centimes par traverse. La compagnie de l'Est créosote la plupart de ses traverses.

Ces procédés n'ont pour but que de préserver la surface extérieure et ne pénètrent pas dans le bois.

L'immersion à chaud consiste à plonger les traverses dans une dissolution de sulfate de cuivre à 60 degrés. La préparation a lieu dans de grands caissons communiquant avec une chaudière qui lance de la vapeur dans ces caissons afin d'élever la solution qu'ils contiennent à 60 degrés centigrades. Le degré de densité de la solution est de 20 kilogrammes de sulfate de cuivre par mètre cube d'eau, soit 2 kilogrammes par hectolitre. La mixture avec l'eau se fait dans une cuve séparée et n'est jetée dans les caissons que si la solution a atteint le degré voulu. Le dosage est constaté au moyen d'aéromètres gradués.

Les traverses doivent rester deux heures au moins dans la préparation maintenue à la température de 60 degrés. Elles s'imprègnent de la dissolution sur une petite épaisseur à peine mesurable, mais qui suffit à leur constituer une enveloppe indécomposable à l'air. Le sulfate doit être introduit dans les bois à raison de 5^k,500 au moins par mètre cube de traverses. Cette opération, dont les résultats sont encore constatés par l'emploi du cyanoferrure de potassium, revient à environ 55 centimes par traverse.

Carbonisation. La carbonisation consiste dans la combustion de la surface de la traverse sur une faible épaisseur.

Procédé Hugon. — Un jet d'air produit par un soufflet de forge passe sur un feu de houille et donne alors une longue flamme au-devant de laquelle on présente le bois en le faisant glisser sur les galets d'un chariot disposé à cet effet. Ce procédé, outre le prix de revient, a l'inconvénient d'exiger une main-d'œuvre considérable ; car pour carboniser les quatre faces et les deux bouts d'une traverse, il faut la faire passer six fois devant le jet de flamme, ce qui exige un temps assez long. On ne peut en effet arriver à préparer dans une journée de dix heures que 200 à 250 traverses.

Procédé Ravazé. — On emploie actuellement pour la carbonisation des traverses le procédé suivant, imaginé par M. Ravazé.

L'appareil se compose d'un cylindre de 8 mètres de long et de 0^m,60 de diamètre environ, garni intérieurement de briques réfractaires, pourvu d'un côté d'un foyer sur lequel on brûle des houilles grasses, des huiles de schiste, etc. À l'extrémité du cylindre opposée à ce foyer est établie une cheminée assez haute qui active le tirage et fait parcourir par la flamme le tube dans toute sa longueur.

Les traverses, placées sur un cadre, sont entraînées dans le cylindre par une chaîne sans fin mise en mouvement par une petite machine à vapeur ; aussitôt arrivées dans l'appareil, les traverses reçoivent directement l'action des flammes, brûlent par conséquent, fournissent une partie du calorique nécessaire à leur carbonisation et sortent enfin par l'extrémité du cylindre, après l'avoir parcouru dans toute sa longueur, entourées toujours complétement par les gaz enflammés.

La vitesse de la chaîne est réglée de telle sorte que la traverse parcoure le cylindre précisément dans l'espace de temps nécessaire à sa carbonisation partielle, soit deux minutes environ.

La pièce est éteinte à sa sortie par un jet d'eau continu provenant d'un bassin disposé au-dessus de l'appareil. Ce système, employé par la compagnie d'Orléans et plusieurs autres compagnies, permet de préparer 900 à 1,200 traverses par jour et le prix de revient est seulement de 30 centimes par traverse.

Enfin, un dernier perfectionnement, appelé sans aucun doute à donner de très-bons résultats, consiste dans l'immersion de la traverse carbonisée sortant du cylindre dans un bain de coaltar à 80 ou 90 degrés. La dilatation du bois, qui vient d'être chauffé très-fortement dans l'appareil à carboniser, permet au coaltar de bien pénétrer dans la traverse, qui en absorbe en effet en moyenne 2 kilogrammes. Cette immersion ne coûte que 30 centimes par traverse et présente de sérieux avantages.

En résumé, la préparation des traverses :

Résumé.

1° par injection....
- par le procédé Boucherie, revient à......... 1^f 00^c par traverse.
- par la préparation en vase clos, par vide et pression, à....................... 0 70 —
- par le créosotage, à................... 0 90 —

2° par préservation extérieure.....
- par l'immersion à chaud dans un bain de sulfate de cuivre, à....................... 0 55 —
- par la carbonisation seule, à............. 0 30 —
- par la carbonisation suivie de l'immersion à chaud dans un bain de coaltar, à....... 0 60 —

Les traverses en hêtre injecté durent de neuf à douze ans.

Déchet,
rendement.
Prix divers.

Les arbres doivent être de bonne qualité, en pleine végétation, sans piqûres, pourritures, nœuds vicieux, gélivures, fentes, roulures ou autres défauts. Les bois dits *rouges*, c'est-à-dire ceux qui sont sur le retour, ne peuvent être employés. Les traverses en hêtre devant être injectées, il est indispensable de prendre seulement des arbres ne présentant aucun des défauts signalés, car l'absorption des matières antiseptiques n'est plus alors complète et la traverse ne se conserve pas aussi bien.

Les arbres doivent avoir au minimum 0^m,25 de diamètre; il n'y a pas de maximum; toutefois on débite rarement en traverses les arbres ayant plus de 1^m,50 de circonférence. On prend fréquemment des traverses dans les branches.

Le déchet est très-variable suivant la grosseur des arbres; il est au minimum de 1/10 du volume en grume.

Les compagnies achètent très-souvent les bois en grume; parfois les traverses sont débitées sur le parterre des coupes et vendues alors par les adjudicataires.

Sur place, les traverses en hêtre valent de 3 fr. 25 cent. à 3 fr. 50 cent. La traverse moyenne a un cube de 0^m,087; on a donc 10 ou 12 traverses par mètre cube. Le rendement en argent est dès lors :

Un mètre cube donne en moyenne 10 traverses à 3^f50^c l'une..... 35^f 00^c
Déchet, 0st,25 à 6 francs le stère........................... 1 50
                                                                                        ————— 36^f 50^c
　　Frais divers :
Façon des traverses à 60 centimes l'une...................... 7 20
Transport à la gare, 36 centimes l'une 3 60
Achat d'un mètre cube.................................. 22 00
                                                                                        ————— 32 80
　　　　　　　DIFFÉRENCE.................. 3 70

Le hêtre est débité en traverses dans un grand nombre de départements.

74,854 mètres cubes provenant des forêts soumises au régime forestier sont ainsi annuellement employés.

2° EMPLOIS DIVERS.

Sous cette dénomination on a compris les autres débits du hêtre en bois de service. Ils sont du reste peu nombreux et comprennent seulement :

3,725 m. cub. employés comme perches à mines.
666 ——————————— en charpente.
40 ——————————— employés à faire des quilles pour bateaux de pêche.
733 ——————————— comme pilotis.

Perches à mines. On n'entrera dans aucun détail sur les perches à mines, la question ayant été complétement traitée dans une notice spéciale.

Charpente. L'emploi du hêtre en charpente est actuellement localisé dans deux régions montagneuses, l'Ariége et les Basses-Alpes. La consommation est purement locale et il n'y a aucune dimension déterminée pour le débit.

Bois de quilles. Quelques beaux hêtres servent à faire des bois de quilles pour des bateaux de pêche qui sont construits à Concarneau (*Finistère*).

Pieux pour pilotis. On fait avec le hêtre dans la Seine-Inférieure des pieux pour pilotis. Ils sont

employés dans les ports du Havre, de Rouen et de Honfleur, et dans les travaux
d'endiguement de la Basse-Seine. Ces bois doivent être de bonne qualité, avoir
au maximum o^m,45 de dtamètre et 14 mètres de longueur, au minimum o^m,3o
et 8 mètres. Toutes les grosseurs et longueurs intermédiaires sont admises,
pourvu que les arbres soient bien droits. Exceptionnellement, pour le port de
Rouen, on prend ceux qui ont o^m,5o de diamètre et 16 mètres de longueur.

Ces bois sont généralement employés sans préparation et cette consommation
annuelle tend à s'accroître. Ils sont payés sur le parterre des coupes 3o francs le
mètre cube au quart sans déduction.

§ 4. — SCIAGES MARCHANDS.

3.5. p. o/o de la production totale.

Les sciages marchands en hêtre sont débités soit sur le parterre des coupes,
au moyen de la scie dite *des scieurs de long,* soit dans des usines. L'épure
pour le débit dépend, d'une part, des marchandises que l'on fabrique et des
dimensions de l'arbre, d'autre part, de la plus ou moins grande habileté de
l'ouvrier.

Les différentes manières de procéder portent le nom de débit sur dosses, débit sur quartiers et débit sur mailles; il y a donc lieu d'examiner chacun d'eux.

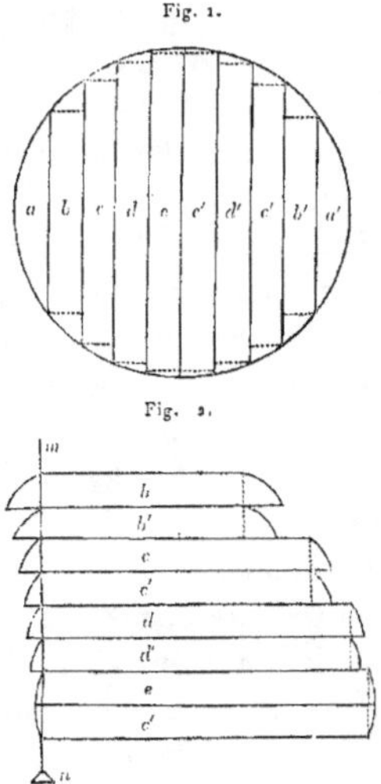

Fig. 1.

Fig. 2.

Le mode le plus naturel et le plus simple pour débiter un arbre consiste à faire passer un certain nombre de traits de scie parallèles à l'un de ses diamètres (fig. 1). On obtient ainsi des planches ou madriers de largeur différente, et après le sciage il faut équarrir les bords ainsi que l'indiquent les lignes pointillées. Pour cela on place les planches à plat les unes sur les autres (fig. 2), les plus larges en dessous, de telle sorte que tous les traits qui marquent l'équarrissement des bords, d'un côté de chaque planche, coïncident avec un fil à plomb *m n*; un seul trait de scie suffit et équarrit toutes les planches en même temps. On opère de même pour les autres bords. Cette manière d'opérer ne donne presque pas de déchet. Mais on préfère en général obtenir des planches ou des madriers ayant la même largeur. A cet effet, avant de débiter une bille, on commence par lever sur toute sa longueur deux dosses A A (fig. 3), et ainsi réduite à une

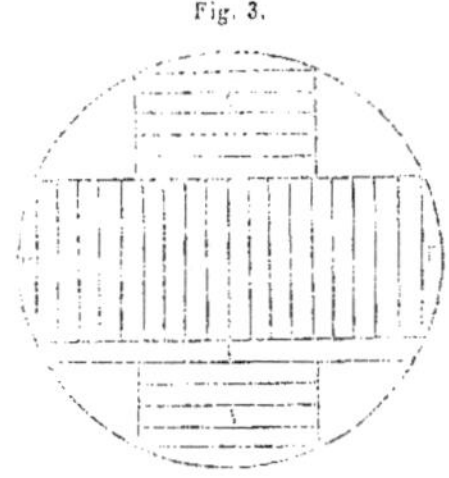

Fig. 3.

largeur donnée, la bille est débitée en planches qui ont toutes une même largeur voulue, et on trouve de chaque côté deux petites dosses B B. Les dosses A A peuvent donner des madriers ou d'autres petites planches qui sont obtenues comme l'indique la figure. Une bille de 0ᵐ,50 de diamètre au petit bout, débitée de cette manière, peut donner 16 planches de 0ᵐ.33 de largeur et deux planches ayant un peu de flache à leurs extrémités.

Tel est le sciage sur dosses.

Lorsque les arbres sont plus gros, cette manière d'opérer donnerait des

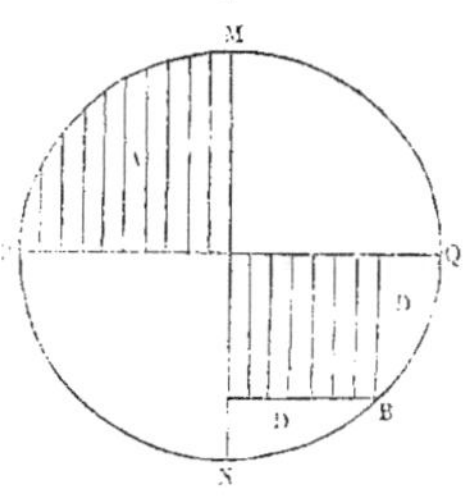

Fig. 4.

planches plus larges que celles qui sont employées ordinairement. Ces arbres, tronçonnés en billes de longueur marchande, sont refendus en quatre quartiers suivant deux diamètres perpendiculaires M N. P Q (fig. 4). Chacun de ces quartiers est alors divisé en planches qui sont d'inégales largeurs comme en A. Mais si l'arbre est d'un diamètre assez grand pour que chaque quartier B soit équarri, on lève deux dosses D D et on obtient des planches égales et de largeur suffisante pour le commerce. Les dosses peuvent parfois donner aussi des planches marchandes, quoique plus étroites.

Pour qu'il soit avantageux de faire les sciages sur quartiers, il faut que les arbres soient très-gros et aient au moins 0ᵐ,60 de diamètre. En effet, une bille de 0ᵐ,50 de diamètre, débitée sur quartiers, peut donner 7 planches par quartier,

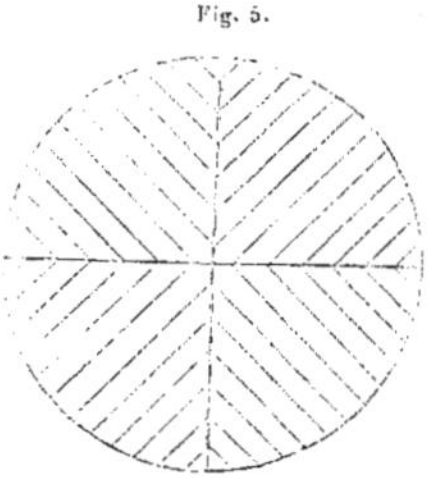

Fig. 5.

soit 28 planches de 0ᵐ,10 de largeur, tandis que débitée comme l'indique la figure 3, cette même bille donne aussi 28 planches qui ont 0ᵐ,22 au lieu de 0,ᵐ19.

Les arbres étant refendus par quartiers, on peut encore débiter les planches d'une autre manière. Le trait de scie, dans chaque quartier, n'est parallèle à aucune des faces, mais il est également incliné par rapport à toutes deux (fig. 5). Cette méthode, dite *hol-*

landaise, a l'inconvénient de donner des planches qui diffèrent toutes de largeur et dont les bords ne sont pas équarris; mais, on le verra tout à l'heure, elle présente des avantages considérables.

Le sens suivant lequel les planches ou madriers sont débités, par rapport aux couches concentriques ou aux rayons médullaires, n'est pas indifférent pour la qualité, la durée et la beauté des sciages. Les alternatives de sécheresse et d'humidité peuvent faire changer la largeur des planches et les rendre très-difformes si elles sont débitées dans un mauvais sens. Les couches intérieures du bois, ne subissant pas une dessiccation aussi rapide que celle du dehors, ne prennent pas un retrait aussi grand et celles-ci sont obligées de se fendre. Ces inconvénients n'existent pas si les sciages sont débités sur mailles.

On dit qu'une pièce de bois est sciée sur mailles lorsqu'elle est débitée suivant des plans dirigés dans le sens des rayons médullaires et par conséquent passant par le cœur de l'arbre. Le débit sur mailles est donc celui qui consiste à diviser les quartiers par des traits de scie passant tous par le centre de l'arbre (fig. 6). On obtient ainsi des planches sur mailles, toutes égales, mais n'ayant pas la même épaisseur sur les bords. On peut les réduire à une épaisseur uniforme en enlevant du bois sur l'une des faces et en conservant sur l'autre la maille intacte.

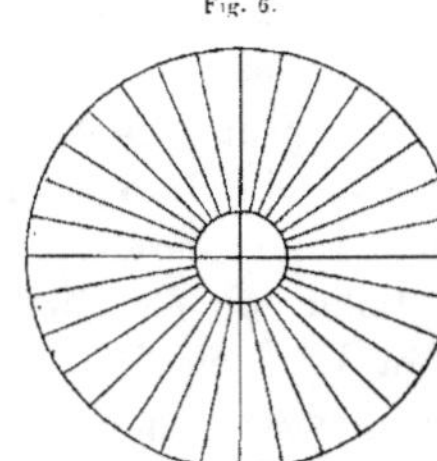

Fig. 6.

Les planches ainsi obtenues ne se voilent pas et sont très-belles. Toutefois, le déchet que donne cette manière d'opérer est très-considérable; aussi préfère-t-on généralement dans la pratique appliquer d'autres modes de division. Lorsqu'il s'agit de pièces de peu d'épaisseur, on fait en sorte que les traits de scie coupent très-obliquement les rayons; les mailles sont alors larges et abondantes, et on obtient ainsi, avec beaucoup moins de déchet, presque le débit sur mailles. La coupe oblique des rayons s'obtient soit par l'application de la méthode hollandaise (fig. 5), soit en dirigeant les traits de scie suivant AA (fig. 7). Il y a lieu de remarquer qu'en découpant suivant BB, les planches levées à gauche de B présenteront une certaine quantité de mailles, les rayons étant obliques par rapport aux traits de scie, tandis qu'en GG

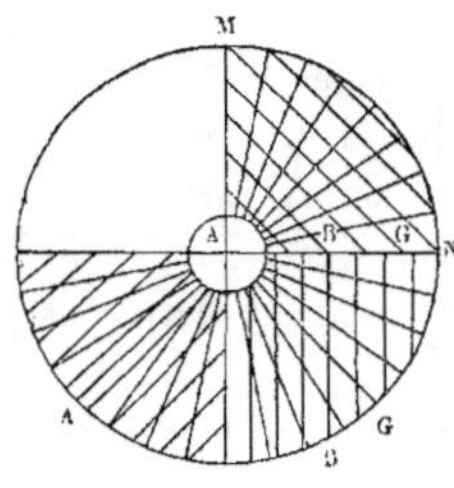

Fig. 7.

où ils sont presque perpendiculaires, on n'aura presque pas de mailles. Enfin, si les traits de scie sont dirigés suivant MN, ils seront perpendiculaires aux rayons et il n'y aura pas du tout de mailles.

Lorsqu'on veut obtenir des madriers plus épais, on emploie par exemple le mode de division indiqué (fig. 8); les pièces du milieu sont presque sur mailles. Le plus souvent, la bille est débitée en quatre quartiers par deux traits de scie perpendiculaires AB, DE (fig. 9). Chaque quartier est ensuite fendu par des traits de scie alternativement parallèles aux deux premiers. Les traits de scie sont ainsi le moins possible tangents aux cercles annuels et les coupent sous des inclinaisons voisines de l'angle droit. Ce système exige des détails de main-d'œuvre assez considérables. Enfin, on emploie souvent l'une ou l'autre des méthodes ci-jointes.

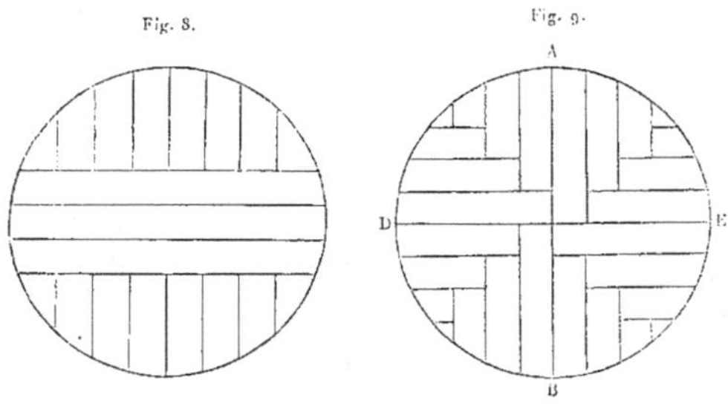

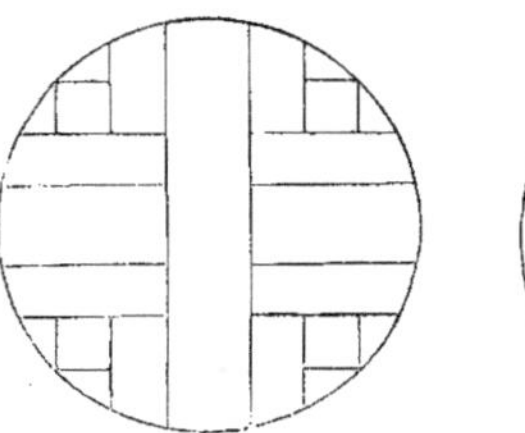

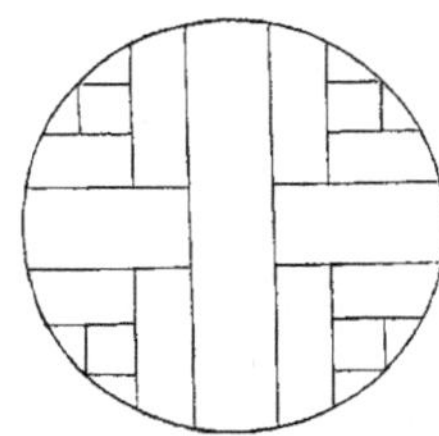

Tels sont les différents modes de débits des sciages marchands en hêtre.

La nomenclature des sciages de hêtre et les diverses dimensions sont très-variables; le tableau ci-joint les fait connaître.

Les sciages de hêtre sont employés à un grand nombre d'usages, mais chaque catégorie n'a pas de destination spéciale. Ils sont demandés par les ébénistes, les menuisiers, les carrossiers, les fabricants de malles, de pianos, d'articles de ménage, etc. etc. Chacun leur fait subir les transformations exigées par les diverses industries. On peut dire cependant qu'ils sont généralement employés comme il suit :

Les tringles, liteaux, tasseaux pour liteaux de meubles, consolidation d'angles de meubles et de caisses ;

Les chevrons pour pieds de buffets ou de commodes;

Les lambourdes pour châssis de lits;

Les membrures et entrevous pour traverses de panneaux de lits, buffets, armoires;

Les feuillets pour fonds, panneaux de meubles *arrière et côtés*, panneaux de portes, caisses, malles, etc.;

Les planches pour la carrosserie, *fonds et siéges de voitures*, les meubles, châssis de portes, corniches, moulures, plinthes, etc.;

Les plateaux pour pieds de lits, armoires, commodes, dessus de buffets, tables de cuisine, étaux de bouchers, etc.

Les bois pour pianos ou orgues servent à faire les sommiers d'attache, des chevilles, des châssis, des claviers et des consoles de soutenement.

En résumé, la majeure partie des sciages de hêtre est employée pour l'ébénisterie. On fait avec cette essence un grand nombre de meubles communs; les meubles plus soignés reçoivent un placage ou sont recouverts d'étoffes.

Les arbres doivent avoir de 1^m,10 à 1^m,20 de circonférence à 1^m,30 du sol, être de bonne qualité et ne pas présenter de nœuds. Il n'y a pas de maximum. Lorsque les hêtres atteignent 1^m,80 de circonférence, ils sont vendus en plateaux débités et rendus en gare à Paris, à raison de 75 francs et 80 francs le mètre cube.

Le déchet augmente avec le nombre de traits de scie et est en raison inverse de l'épaisseur des produits fabriqués. Il varie en général de 10 à 40 p. o/o.

Pour évaluer le rendement du mètre cube en sciage de chaque espèce, il faut se placer dans des conditions un peu anormales, en ce sens que dans une même bille on débite généralement des marchandises de plusieurs échantillons différents.

On prendra néanmoins pour exemple quelques sciages de Villers-Cotterets; les prix de vente sont ceux des bois rendus sur le port et le mètre cube est également supposé amené à l'usine.

Membrure. (Largeur 0^m,165, épaisseur 0^m,11, longueur variable.)

Le mètre cube donne :

40 mètres linéaires à 0^{f}75^c l'un..........................	30^f 00^c	
Déchets marchands (*dosses, copeaux*), 1 stère	6 00	
		36^f 00^c
A reporter...............	36 00	

5.

Report. . . . . 36ᶠ oo°

Frais divers :

Sciage, oᶠ 16° le mètre linéaire. 6 4o
Découpe, empilage, droit de port, oᶠ o6° le mètre linéaire. . . . 2 4o
Achat d'un mètre cube. . . . . 25 oo
                                                                          33ᶠ8o°

Différence 2 2o

Quartelot. (Largeur o^m,22 , épaisseur o^m,o65, longueur variable.)
Le mètre cube donne :

5o mètres linéaires à oᶠ 8o° l'un. . . . . 4oᶠ oo°
Déchet marchand, o^st,5o à 6 francs le stère. . . . . 3 oo
                                                                          43ᶠ oo°

Frais divers :

Sciage, oᶠ 16° le mètre linéaire. . . . . 8 oo
Découpe, empilage, etc., oᶠo6°. . . . . 3 oo
Achat d'un mètre cube. . . . . 28 oo
                                                                          39 oo

Différence . . . . 4 oo

Entrevous. (Largeur o^m,23, épaisseur o^m,o4, longueur variable.)
Le mètre cube donne :

6o mètres linéaires à oᶠ 65° l'un. . . . . 39ᶠ oo°
Déchet marchand, o^st,25 à 6 francs le stère 1 5o
                                                                          4oᶠ 5o°

Frais divers :

Sciage, oᶠ 15° le mètre linéaire. . . . . 9 oo
Découpe, etc., oᶠo4° par mètre. 2 4o
Achat d'un mètre cube. . . . . 25 oo
                                                                          36 4o

Différence 4 1o

Doublette. (Largeur o^m,33, épaisseur o^m,o825, longueur variable.)
Le mètre cube donne :

26 mètres linéaires à 1ᶠ 75° l'un. 45 5o
Déchet marchand, o^st,5o à 6 francs le stère. . . . . 3 oo
                                                                          48ᶠ 5o°

A reporter. 48 5o

Report. 48ᶠ 5oᶜ

Frais divers :

    Sciage, oᶠ 35ᶜ le mètre linéaire.   9ᶠ 1oᶜ
    Découpe, etc., oᶠ 15ᶜ par mètre.   3 9o
    Achat d'un mètre cube. . . . .   28 oo
41 oo

Différence. 7 5o

Feuillet. (Largeur oᵐ,22, épaisseur oᵐ,o15 à oᵐ,o2o, longueur variable.)

Le mètre cube donne :

    1oo mètres linéaires à oᶠ 5oᶜ l'un. . . . .   5oᶠ ooᶜ
    Déchet marchand, oˢᵗ,25 à 6 francs le stère. 1 5o
51ᶠ 5oᶜ

Frais divers :

    Sciage, oᶠ 15ᶜ le mètre linéaire.   15 oo
    Découpe, etc., à oᶠ o2ᶜ par mètre. . . . .   2 oo
    Achat d'un mètre cube. . . . .   28 oo
45 oo

Différence. 6 5o

Plateau. (Toutes largeurs et longueurs, épaisseur oᵐ,12.)

Le mètre cube donne :

    oᵐ,8oo à 55 francs le mètre cube. . . . .   44ᶠ ooᶜ
    Déchet marchand, oˢᵗ,5o à 4 francs le stère. . . . .   2 oo
46ᶠ ooᶜ

Frais divers :

    Sciage, 11 francs le mètre cube.   8 8o
    Découpe, empilage, droit de port, 2ᶠ 5oᶜ le mètre cube. . . . .   2 oo
    Achat d'un mètre cube. . . . .   28 oo
38 8o

Différence. 7 2o

Mais, on le répète, on débite généralement dans une même bille plusieurs échantillons différents, ce qui diminue le déchet et augmente le bénéfice.

Dans une usine, à Villers-Cotterets, on fait avec les déchets un peu gros des pavés de hêtre.   *Pavés en hêtre.* Ils ont oᵐ,14 de longueur, oᵐ,14 de largeur et oᵐ,o7 d'épaisseur, ou oᵐ,17 de longueur, oᵐ,o9 de largeur et oᵐ,1o d'épaisseur.

Le mètre cube donne :

    5oo pavés de la première catégorie vendus 13o francs le
    mille à Paris... 65^f oo^c
    Déchet marchand, 1/5 de stère à 7 francs le stère........... 1 4o

                                           66^f 4o^c

Frais divers :

    Façon et transport, 5o francs le mille.................. 25 oo
    Achat d'un mètre cube rendu à la scierie................ 35 oo

                                           6o oo

                   DIFFÉRENCE............... 6 4o

Le mètre cube donne :

    45o pavés de la seconde catégorie à 14o francs le mille...... 63^f oo^c
    Déchet marchand, ost,20 à 7 francs le stère.............. 1 4o

                                         64^f 4o^c

Frais divers :

    Façon et transport, 5o francs le mille.................. 22 5o
    Achat d'un mètre cube rendu......................... 34 oo

                                         56 5o

                   DIFFÉRENCE............... 7 9o

Ces pavés sont injectés à la créosote et servent pour le pavage des portes co-
chères, des cours, etc.

46,315 mètres cubes provenant des forêts soumises au régime forestier sont
annuellement débités en sciages marchands.

Le tableau suivant fait connaître la nomenclature, les dimensions, le mode
et le prix de vente des divers sciages en hêtre.

TABLEAU

DES

PRINCIPAUX SCIAGES DE HÊTRE.

PRINCIPAUX SCIAGE[S]

NUMÉRO de la CONSERVATION.	DÉPARTEMENT.	CIRCONSCRIPTION FORESTIÈRE.	NOMBRE de mètres cubes débités en sciages.	NOMENCLATURE.	DIMENSIONS.		
					Longueur. mètres.	Largeur. mètres.	Épaisseur. mètres.
				Envois en grume à Paris (3oo mètres cubes).	....	....	......
				Entrevoux..............	Longueurs variables.	0,22 à 0,25	0,033
				Quartelots..............	Idem.....	Idem.....	0,06
				Membrures.............	Idem.....	0,16.....	0,11
				Idem..................	Idem.....	0,18.....	0,095
				Idem..................	Idem.....	0,20.....	0,08
				Lattes, feuilles...........	42 pouces.	2 pouces..	4 lignes.
				Idem..................	Idem.....	3 idem....	Idem...
				Idem..................	Idem.....	4 idem....	Idem...
				Idem..................	Idem.....	5 idem....	Idem...
1.	OISE.........	Compiègne.....	3,000	Idem..................	Idem.....	6 idem....	Idem...
				Idem..................	Idem.....	7 idem....	Idem...
				Idem..................	Idem.....	8 idem....	Idem...
				Idem..................	Idem.....	9 idem....	Idem...
				Idem..................	Idem.....	10 idem...	Idem...
				Idem..................	Idem.....	11 idem...	Idem...
				Idem..................	Idem.....	12 idem...	Idem...
				Idem..................	Idem.....	1 idem....	2 lignes 1
				Idem..................	Idem.....	2 idem....	Idem....
				Idem..................	Idem.....	3 idem....	Idem....
				Idem..................	Idem.....	4 idem....	Idem....
				Idem..................	Idem.....	5 idem....	Idem....
				Idem..................	Idem.....	6 idem....	Idem....
				Idem..................	Idem.....	7 idem....	Idem....
				Idem..................	Idem.....	8 idem....	Idem....
				Idem..................	Idem.....	9 idem....	Idem....
				Idem..................	Idem.....	10 idem...	Idem....
				Idem..................	Idem.....	11 idem...	Idem....
				Idem..................	Idem.....	12 idem...	Idem....
				Bois d'attelles............	39 pouces à 27 pouces.	2 pouces à 7 pouces.	Idem...

DE HÊTRE.

MODE ET PRIX DE VENTE.		EMPLOIS.	RENSEIGNEMENTS DIVERS.	OBSERVATIONS.
Mode de vente.	Prix de vente.			
Mètre cube au quart.	80 à 85f	Fabricants de pianos et d'orgues (Paris).	Ce sont des bois de qualités exceptionnelles. Les prix sont ceux rendus en gare à Paris.	Dans ce tableau, on n'a cru devoir indiquer que les sciages les plus ordinairement fabriqués.
Au mètre courant.	....	Emplois divers (Compiègne et Paris).	Les entrevoux sont comptés trois pour deux, c'est-à-dire que si 208 mètres courants ne sont formés que d'entrevoux, il en faut 312 mètres.	4 mètres cubes donnant 208 mètres courants, vendus 160 fr. en moyenne.
....	....	....	Les quartelots et membrures sont comptés doubles, 104m courants comptent pour 208.	Débités dans les scieries et sur le parterre des coupes.
....	....	....	Idem............	Idem.
....	....	....	Idem............	Idem.
La botte.....	0f 75c	Envoyés au faubourg Saint-Antoine.	48 feuilles à la botte........	Débités dans les scieries.
Idem........	1 15	Idem............	Idem............	Idem.
Idem........	1 50	Idem............	Idem............	Idem.
Idem........	1 90	Idem............	Idem............	Idem.
Idem........	2 30	Idem............	Idem............	Idem.
Idem........	2 70	Idem............	Idem............	Idem.
Idem........	3 10	Idem............	Idem............	Idem.
Idem........	3 50	Idem............	Idem............	Idem.
Idem........	4 00	Idem............	Idem............	Idem.
Idem........	4 50	Idem............	Idem............	Idem.
Idem........	5 00	Idem............	Idem............	Idem.
Idem........	1 04	Idem............	Idem............	Idem.
Idem........	0 52	Idem............	Idem............	Idem.
Idem........	0 78	Idem............	Idem............	Idem.
Idem........	1 04	Idem............	Idem............	Idem.
Idem........	1 30	Idem............	Idem............	Idem.
Idem........	1 68	Idem............	Idem............	Idem.
Idem........	1 96	Idem............	Idem............	Idem.
Idem........	2 25	Idem............	Idem............	Idem.
Idem........	2 55	Idem............	Idem............	Idem.
Idem........	2 85	Idem............	Idem............	Idem.
Idem........	3 15	Idem............	Idem............	Idem.
Idem........	3 50	Idem............	Idem............	Idem.
Idem........	de 0f 67c à 1f 21c	Idem............	12 feuilles à la botte.......	Servant à faire des caisses, des malles et des attelles en colliers.

NUMÉRO de la CONSERVATION.	DÉPARTEMENT.	CIRCONSCRIPTION FORESTIÈRE.	NOMBRE de mètres cubes débités en sciages.	PRINCIPAUX SCIAGES.			
				NOMENCLATURE.	Longueur.	Largeur.	Épaisseur.
					mètres.	mètres.	mètres.
1. (Suite.)	OISE........ (Suite.)	Compiègne.... (Suite.)	3,000	Sciages de 14 mètres linéaires à la botte.	Variable..	De 4 à 11 pouces.	5, 6 et 7 lignes.
				Feuillets................	Idem.....	Variable..	3 à 12 lignes.
				Fonds sanglés............	....	....	....
				Idem................	....	....	....
				Pans................	Variable..	7 pouces..	0,028
				Idem................	Idem.....	6 idem....	Idem.....
				Idem................	Idem.....	5 idem....	Idem.....
				Idem................	Idem.....	4 idem....	Idem.....
				Battants................	Idem.....	3 idem....	Idem.....
				Idem................	Idem.....	2 idem....	Idem.....
				Traverses................	1,30	3 idem....	Idem.....
				Idem................	1,15	Idem.....	Idem.....
				Idem................	1,15	2 idem....	Idem.....
				Courts pans................	1,30	0,25	Idem.....
				Idem................	1,30	0,22	Idem.....
				Idem................	1,30	0,20	Idem.....
				Pieds d'armoires..........	2,30	0,080	0,045
				Idem................	2,30	0,075	0,028
				Pieds de lits.............	1,05	0,20	0,050
				Plateaux................	Variable..	Variable..	0,06 à 0,12
2.	EURE........	Cantonnement de Lyons.	2,319	Idem................	Idem.....	Idem.....	Idem.....
				Feuillets................	Idem.....	0,11 à 0,23	0,009 à 0,024
				Planches................	Idem.....	0,23 à 0,35	0,024 à 0,040
				Plateaux................	Idem.....	0,36 à 0,60	0,040 à 0,12
	SEINE- INFÉRIEURE.	Cantonnement de la Feuillie.	1,500	Idem................	Idem.....	Variable..	0,08 0,10 0,12
				Envois en grume à Paris....	....	....	....
				Sciages locaux............	Variable..	Variable..	Variable..
		Saint-Saeus.....	1,776	Idem................	....	Idem.....	....
4.	MEURTHE- ET-MOSELLE.	Conservation...	1,362	Envois en grume en Belgique et Alsace-Lorraine........	....	....	....
				Échantillons.............	Variable..	0,25	0,05
				Entrevoux...............	1,50 au minimum.	0,25	0,04
				Doublette................	Idem.....	0,33	0,08
				Membrure................	Idem.....	0,16	0,11
				Plateaux................	Variable..	0,20 au minimum.	0,07 à 0,12

| MODE ET PRIX DE VENTE. | | EMPLOIS. | RENSEIGNEMENTS DIVERS. | OBSERVATIONS. |
Mode de vente.	Prix de vente.			
La botte.....	2^{f}32^{c}à8^{f}20^c	Menuiserie. (Compiègne et Paris.)	•................	Débités dans les scieries.
Cent de mètres superficiels.	100 à 280^f	Idem..................	,................	Idem.
Le cent......	210^{f}00^c	Ébénisterie. (Paris.).......	4 barres, pans de 5 pouces..	Idem.
Idem........	190 00	Idem.................	6 barres, pans d. 4 pouces...	Idem.
Idem........	100 00	Idem.................	Idem.................	Idem.
Idem........	90 00	Idem.................	Idem.................	Idem.
Idem........	70 00	Idem.................	Idem.................	Idem.
Idem........	55 00	Idem.................	Idem.................	Idem.
Idem........	36 00	Idem.................	Idem.................	Idem.
Idem........	26 00	Idem.................	Idem.................	Idem.
Idem........	25 00	Idem.................	Idem.................	Idem.
Idem........	20 00	Idem.................	Idem.................	Idem.
Idem........	15 00	Idem.................	Idem.................	Idem.
Idem........	125 00	Idem.................	Idem.................	Idem.
Idem........	110 00	Idem.................	Idem.................	Idem.
Idem........	100 00	Idem.................	Idem.................	Idem.
Idem........	100 00	Idem.................	Idem.................	Idem.
Idem........	50 00	Idem.................	Idem.................	Idem.
Idem........	110 00	Idem.................	Idem.................	Idem.
Mètre cube...	52 00	Sur dosses.............	Si les arbres ont 1^m,80 à 2 mètres de tour, les plateaux sont débités sur quartiers.	Débités dans les scieries et sur le parterre des coupes.
Idem........	57 00	Sur quartiers, envoyés à Paris.	Idem.	
Mètre courant.	0^{f}21^{c}à 0^{f}27^c	Paris 2/10...............	3/10 en feuillets...	
Mètre cube au quart.	65^{f}00^c	Consommation locale. 8/10...	2/10 planches..... } 4/10 déchet.	
Idem........	65 00	Meubles, carrosserie, pianos.	1/10 plateaux.....	
Mètre cube...	26^{f}à 32^f	Paris et Angleterre.		
Idem........	30 00			
Idem........	26 00	Usages locaux.		
Idem........	....	Idem..................	Employés surtout pour faire des barrières.	
....	....	....	66e mètres sont annuellement expédiés.	
Cent de toises ou 200 mèt. courants.	....	Consommation locale.......	Le lot assorti doit comprendre les quatre échantillons; les doublettes et membrures doivent chacune entrer dans la proportion de 10 à 12 p. o/o.	
Idem........	....	Idem.		
Idem........	....	Étaux de bouchers.		
Mètre cube...	....	Établis de menuisiers.		

— 44 —

NUMÉRO de la CONSERVATION.	DÉPARTEMENT.	CIRCONSCRIPTION FORESTIÈRE.	NOMBRE de mètres cubes débités en sciages.	PRINCIPAUX SCIAGES.		
				NOMENCLATURE.	DIMENSIONS.		
					Longueur.	Largeur.	Épaisseur.
					mètres.	mètres.	mètres.
				Sciages pour pianos.........	....	....	....
				Feuillet panneau..........	2 à 3	0,16 à 0,40	0,008
				Feuillet panneau de 4 lignes..	Idem.....	Idem	0,010
				Idem.................	Idem.....	0,15 à 0,30	0,015
				Idem.................	Idem.....	0,15 à 0,30	0,017
				Idem.................	Idem.....	0,18 à 0,25	0,017
				Feuillet d'emballage.......	0,63 à 1,54	0,135	0,005
				Feuillet petit entrevoux.....	2 à 3	0,18 à 0,25	0,023
				Petit entrevoux...........	Idem.....	Idem.....	0,026
				Idem.................	Idem.....	0,16 à 0,30	0,028
				Entrevoux..............	Idem.....	0,20 à 0,25	0,035
				Idem.................	Idem.....	0,22 à 0,30	0,038
				Petit plateau-planche.......	Idem.....	0,20 à 0,30	0,045
				Idem. 2° choix...........	Idem.....	Idem.....	0,045
7.	AISNE........	Villers-Cotterets.	6,400	Petit plateau-planche.......	Idem.....	0,18	0,045
				Idem.................	Idem.....	0,20 à 0,30	0,050
				Idem. 2° choix...........	Idem.....	Idem.....	0,050
				Petit plateau-planche.......	Idem.....	Idem.....	0,055
				Idem. 2° choix...........	Idem.....	Idem.....	0,055
				Plateau-planche parisienne..	Idem.....	0,22 à 0,30	0,060
				Idem. 2° choix...........	Idem.....	0,22 à 0,30	0,060
				Plateau parisienne.........	Idem.....	0,22 à 0,35	0,070
				Idem. 2° choix...........	Idem.....	Idem.....	0,070
				Plateau parisienne.........	Idem.....	0,22 à 0,40	0,080
				Idem. 2° choix...........	Idem.....	Idem.....	0,080
				Plateau parisienne.........	Idem.....	0,25 à 0,45	0,090
				Idem. 2° choix...........	Idem.....	Idem.....	0,090
				Plateau parisienne.........	Idem.....	0,25 à 0,50	0,100
				Idem. 2° choix...........	Idem.....	Idem.....	0,100
				Bois pour pianos..........	1,26	0,07	0,023
				Idem.................	1,32	0,09	0,032
				Pavés................	0,14	0,14	0,070
				Idem.................	0,17	0,09	0,100
				Battants, fonds sanglés quatre barres.	2,00	0,08	0,027
				Traverses. Idem...........	1,15	0,08	Idem.....
				Pans, petits fonds sanglés six barres.	2,00	0,115	Idem.....
				Battants, fonds sanglés six barres.	2,00	0,055	Idem.....

MODE ET PRIX DE VENTE.		EMPLOIS.	RENSEIGNEMENTS DIVERS.	OBSERVATIONS.
Mode de vente.	Prix de vente.			
. . . .	. . . .	. . . .	250 mètres ainsi employés :	Les sciages de Villers-Cotterets sont presque tous envoyés à Paris. Fabriqués dans les scieries à vapeur et sur commande.
			diamètres.	
Mètre carré...	0f 85c à Paris.	Fonds de tiroirs, tablettes....	Sur quartiers. 0m,45 à 0m70.	
Idem........	1 05 idem..	Idem..................	Idem.......... idem....	Idem.
Idem........	1 25 idem..	Panneaux de meubles que l'on plaque.	Idem.......... idem....	Idem.
Idem........	1 00 idem..	Idem.................	Idem.......... idem....	Idem.
Idem........	1 00 idem..	Meubles et caisses.........	Idem.......... idem....	Idem.
Idem........	0 80 idem..	Caisses d'emballage........	Idem.......... idem....	Idem.
Idem........	1 75 idem..	Meubles et caisses.........	Idem.......... idem....	Idem.
Idem........	1 95 idem..	Idem.................	Idem.......... idem....	Idem.
Idem........	2 10 idem..	Idem.................	Idem.......... idem....	Idem.
Idem........	2 00 idem..	Idem.................	Idem.......... idem....	Idem.
Idem........	2 95 idem..	Idem.................	Idem.......... idem....	Idem.
Mètre cube...	80 00 idem..	Redébité à Paris..........	Sur quartiers.. 0m,60 à 1m.	Idem.
Idem........	65 00 idem..	Idem.................	Idem.......... idem....	Idem.
Mètre linéaire.	0 025 idem.	Meubles..............	Idem.......... idem....	Idem.
Mètre cube...	80 00 idem..	Redébité à Paris..........	Idem.......... idem....	Idem.
Idem........	65 00 idem..	Idem.................	Idem.......... idem....	Idem.
Idem........	85 00 idem..	Idem.................	Idem.......... idem....	Idem.
Idem........	68 00 idem..	Idem.................	Idem.......... idem....	Idem.
Idem........	75 00 idem..	Idem.................	Idem.......... idem....	Idem.
Idem........	60 00 idem..	Redébité à Paris. (Pianos, etc.).	Idem.......... idem....	Idem.
Idem........	75 00 idem..	Idem.................	Idem.......... idem....	Idem.
Idem........	60 00 idem..	Idem.................	Idem.......... idem....	Idem.
Idem........	75 00 idem..	Idem.................	Idem.......... idem....	Idem.
Idem........	60 00 idem..	Idem.................	Idem.......... idem....	Idem.
Idem........	70 00 idem..	Idem.................	Idem.......... idem....	Idem.
Idem........	60 00 idem..	Idem.................	Idem.......... idem....	Idem.
Idem........	70 00 idem..	Idem.................	Idem.......... idem....	Idem.
Idem........	60 00 idem..	Idem.................	Idem.......... idem....	Idem.
		diamètre.		
Mètre linéaire..	0 225 idem.	Sur quartiers... 0,50 à 0,70	Pianos.......... idem....	Dans les scieries à vapeur, sur commande.
Idem........	0 15 idem..	Idem.......... idem......	Idem.......... idem....	Idem.
Le pavé......	0 15 idem..	Quartr et hautr.. 0,24 à 0,70	Pavage de cour d'hôpital, etc.	Idem.
Idem........	0 16 idem..	Idem.......... idem......	Idem.................	Idem.
Mètre linéaire.	0 115 idem.	Idem.......... 0,30 à 0,45	Sommiers..............	Idem.
Idem........	0 115 idem.	Idem.......... idem......	Idem.................	Idem.
Idem........	0 22 idem..	Quartier...... idem......	Idem.................	Idem.
Idem........	0 08 idem..	Quartr et hautr.. idem......	Idem.................	Idem.

NU-MÉRO de la CONSER-VATION.	DÉPARTEMENT.	CIRCONSCRIPTION FORESTIÈRE.	NOMBRE de MÈTRES cubes débités en sciages.	PRINCIPAUX SCIAGES. NOMENCLATURE.	DIMENSIONS. Longueur. mètres.	Largeur. mètres.	Épaisseur. mètres.
7. (Suite.)	Aisne........	Villers-Cotterets.	6,400	Traverses, petits fonds sanglés six barres.	1,15	0,055	0,027
				Petite prise fond sanglé quatre barres.	2,00	0,165	Idem.....
				Idem.................	2,00	0,135	Idem.....
				Quartelot.............	2 à 3	0,22 à 0,25	0,060
				Membrure.............	Idem.....	0,18	0,100
				Plateau................	Idem.....	0,30 à 0,60	0,080
				Idem.................	Idem.....	Idem.....	0,140
				Étal (bois noueux).........	Idem.....	0,50 à 1,00	0,150
				Étal (idem).............	Idem.....	0,100	0.200
				Doublette ou trappe........	Idem.....	0,33	0,080
				Chevron................	Idem.....	0,12	0,080
				Tringle................	Idem.....	0,17	0,014
				Tasseau (dans les déchets)...	Idem.....	0,03	0,030
				Latte pour treillage (idem)...	1 à 2	0,04	0,012
				Piquet (idem).............	1,50 à 2,50	0,05	0,050
7.	Nord.........	Landrecies.....	1,184	Voir le chêne pour la nomenclature et les dimensions.	....	....	....
				....	....	....	....
9.	Vosges........	Conservation...	2,576	Échantillon.............	2 à 4	0,25	0,06
				Doublette................	Idem.....	0,33	0,08
				Membrure.............	Idem.....	0,12	0,08
				Idem.................	Idem.....	0,20	0,10
10.	Ardennes......	Cantonnement de Sedan. Mouzon Mézières. Signy-l'Abbaye.	1,365	Envoi en grume à Paris......	0,84	Variable..	0,008
				Feuillets pour plateaux d'emballage.			
				Idem.................	0,75	Idem.....	0,008
				Planchettes pour draperies...	0,75	0,15	0,008
				Panneau...............	2,00	0,28	0,016
				Plateaux..............	....	....	0,04
				Feuillet ou panneau........	Variable..	0,25	0.015
				Entrevoux.............	Idem.....	0,22	0,03
				Doublette...............	Idem.....	0,33	0,08
				Membrure.............	Idem.....	0,16	0,10
				Madriers................	2,50	0,70 à 0,80	0,12
				Plateaux et madriers........	Variable..	Variable..	Variable..

MODE ET PRIX DE VENTE.		EMPLOIS.		RENSEIGNEMENTS DIVERS.	OBSERVATIONS.
Mode de vente.	Prix de vente.	débits.	diamètres.		
tre linéaire.	0ʳ 08ᶜ à Paris.	Quartⁱᵉʳ et hautⁱᵉʳ..	0,30 à 0,45	Sommiers..............	Dans les scieries à vapeur, sur commande.
em........	0 35 idem..	Idem.........	idem......	Idem.................	Idem.
em........	0 25 idem..	Idem.........	idem......	Idem.................	Idem.
em........	0 75 idem..	Idem.........	0,25 à 0,45	Emplois divers...........	Dans les scieries, en forêt, et à l'avance.
·m........	0 80 idem..	Idem.........	idem......	Idem.................	Idem.
tre cube...	60 00 idem..	Hauteur.......	0,60 à 1,00	Établis, tables de cuisine, envois à Paris.	Idem.
em........	60 00 idem..	Idem.........	idem......	Idem.................	Idem.
em........	65 00 idem..	Idem.........	0,40 à 0,80	Établis, étaux de bouchers...	Idem.
·m........	65 00 idem..	Idem.........	0,60 à 1.30	Idem.................	Idem.
tre linéaire.	1 40 idem..	Quartier.......	0,70 à 1,00	Emplois divers...........	Idem.
·m........	0 50 idem..	Quartⁱᵉʳ et hautⁱᵉʳ..	0,30 à 1,00	Idem.................	Idem.
·m........	0 03 idem..	Idem.........	idem......	Rais de voitures d'enfants...	Dans les scieries et sur commande.
m........	0 05 idem..	Idem.........	idem......	Couvertures en tuiles; pour vannerie.	
m........	0 04 idem..	Idem.........	idem......	Treillage de cours, jardins, etc.	
m........	0 20 idem..	Idem.........	idem......	Idem.	
at pieds de planches d'échantillons.	12 00 idem..	Sur dosses.....	Menuiserie. et ébénisterie.	Expédiés à Lille, Valenciennes et Saint-Quentin.	
·m........	18 00 idem..	Sur quartiers...			
tre cube...	50 à 55ᶜ idem..	Menuiserie et ébénisterie....		Paris et consommation locale.	
m........	Idem.......	Idem.................		Idem.	
·m.......	Idem.......	Idem.................		Idem.	
·n........	Idem.......	Idem.................		Idem.	
plateau....	0ʳ 45ᶜ idem..	Employé par les usines de draps de Sedan.			
·m........	0 40 idem..	Idem.................			
planchette.	0 15 idem..	Idem.................		5/10 à Sedan............	Cantonnement de Sedan.
tre courant.	0 50 idem..	Menuiserie et ébénisterie....		3/10 dans les villages voisins.	
tre cube...	70 00 idem..	Idem.................			
tre carré,..	2ʳ 00ᶜ	Consommation locale.......		Sur quartiers.	
0 m. carrés.	270 00	Expédiés à Paris en grande partie.		Sciages du cantonnement de Mouzon.	
0 m. courⁱˢ	160 00	Idem.................		Idem.	
em........	70 00	Idem.................		Idem.	
décistère...	6ʳ à 6ʳ 50ᶜ	Idem.................		Sciages du cantonnement de Mézières.	
tre cube...	70 à 80 00	Idem.................		Sciages du cantonnement de Signy-l'Abbaye.	

NUMÉRO de la CONSERVATION.	DÉPARTEMENT.	CIRCONSCRIPTION FORESTIÈRE.	NOMBRE de mètres cubes débités en sciages.	PRINCIPAUX SCIAGES. NOMENCLATURE.	DIMENSIONS. Longueur. mètres.	Largeur. mètres.	Épaisseur. mètres.
				Débit franc-comtois : lambris.	Variable..	Variable..	0,02
				Plateaux.................	Idem.....	Idem.....	0,15 et 0,1(
13.	JURA..........	Conservation...	1,220	Autre débit : plateaux.......	Idem.....	Idem.....	0,07
				Planches (1).............	Idem.....	0,33	0,035
				Idem (2).................	Idem.....	Idem.....	0,027
				Lambris (1).............	Idem.....	Idem.....	0,019
				Idem (2).................	Idem.....	Idem.....	0,013
				Entrevoux...............	1 à 4	0,24	0,027
				Idem....................	Idem.....	Idem.....	0,035
				Idem....................	Idem.....	Idem.....	0,04
16.	MEUSE........	Conservation...	2,797	Membrures...............	Idem.....	0,18	0,010
				Plateaux.................	2 à 4	0,40	0,07
				Fonds sanglés............	2,00	0,14	0,027
				Idem....................	2,00	0,08	0,027
				Idem....................	1,15	0,08	0,027
				Parquets et planches (voir le chêne pour les dimensions).	....	....	....
				Idem....................	....	....	....
17.	SAÔNE-ET-LOIRE.	Conservation...	863	Plateaux.................	Variable..	0,100	0,075 ou 0,080
				Idem....................	Idem.....	0,180	Variable..
				Idem....................	Idem.....	Variable..	0,030
				Planches postilles..........	3,00	0,15 à 0,22	0,0125
18.	HAUTE-GARONNE.	Inspection de St-Gaudens.	2,030	Planches passe-postilles.....	3,00	0,18 à 0,22	0,02
				Planches proprement dites...	3,00	0,25	0,03 à 0,04
				Madriers...............	3,00	0,20 à 0,30	0,06 à 0,12
22.	BASSES-PYRÉNÉES.	Inspection de Bayonne.	1,982	Madriers, lattes...........	Variable..	Variable..	Variable..
				Bardeaux................	Idem.....	Idem.....	Idem.....
				Échantillon..............	Idem.....	0,25	0,42
31.	HAUTE-MARNE...	Conservation...	2,800	Membrure...............	Idem.....	0,16	0,11
				Idem....................	Idem.....	0,17	0,10
				Idem....................	Idem.....	0,18	0,09
				Entrevoux...............	Idem.....	0,25	0,036
				Planche.................	Idem.....	0,25	0,06

MODE ET PRIX DE VENTE.		EMPLOIS.	RENSEIGNEMENTS DIVERS.	OBSERVATIONS.
Mode de vente.	Prix de vente.			
Mètre cube...	55 à 60ᶠ	Consommation locale.......	....	Un mètre cube donne : des plateaux cubant.... 0ᵐ,880
Idem.......	50 à 55	Servent à la fabrication de chaises et d'établis.		des planches (2) cubant 0 800 — ———— (2) cubant 0 750 des lambris (1) cubant, 0 700 ———— (2) cubant, 0 650
Mètre carré...	3ᶠ 00ᶜ	Menuiserie.		
Idem.......	2 25	Chaises.		
Idem.......	1 75	Caisses de voitures	Consommation locale.	
Idem.......	1 35	Caisses d'emballage.		
Idem.......	1 00	Idem.		
Mètre linéaire.	1ᶠ 25ᶜ à 0ᶠ 85ᶜ	Envoyés à Paris..........	Servent à faire des jouets d'enfants et des meubles.	
Idem.......	1 70 à 1 15	Idem...............	Idem.	
Idem.......	1 00 à 1 30	Idem...............	Idem.	
Idem.......	1 00 à 0 90	Idem...............	Idem.	
Mètre carré...	0ᶠ 00ᶜ	Idem...............	Idem.	
Idem.......	6ᶠ 00ᶜ à 4ᶠ 50ᶜ	Envoyés à Dunkerque......	Meubles divers.	
Le mètre carré assorti.....	Idem........	Idem...............	Idem.	
Idem.......	Idem........	Idem...............	Idem.	
Mètre carré...	1ᶠ 50ᶜ	Parquets...............	1 mètre cube donne 15 mètres carrés de parquets.	
Idem.......	....	Planches...............	1 mètre cube donne 18 mètres carrés de planches.	
....	....	Charronnage local.		
....	....	Fonds et siéges de voitures...	Consommation locale.	
....	....	Caisses.		
Le fust ou 6 planches.	1ᶠ 25ᶜ à 1ᶠ 50ᶜ	Caisses d'emballage........	Envoi à Bordeaux et consommation locale (Toulouse).	1 mètre cube donne : 0ᵐ,450 de postilles; 0 600 de barres postilles : 0 700 en planches ; 0 800 en madriers.
Idem.......	3ᶠ 00ᶜ à 3ᶠ 75ᶜ	Idem...............	Idem.	
Mètre cube...	50ᶠ 00ᶜ	Idem...............	Idem.	
Idem.......	50 00	Brosses, attelles de colliers, soufflets et ébénisterie.	Tous les sciages sont débités dans des usines.	
....	....	Consommation locale.......	Le mèt. cube vaut en forêt 6 fr.	Les difficultés de vidange sont énormes. Il y a manque d'ouvriers.
....	....	Idem...............	Idem.	
Échantillon...	100ᶠ 00ᶜ p. 104 m. cour.	Expédiés à Paris ou achetés par la compagnie de l'Est; enfin, quelques-uns sont employés dans la localité.	3 entrevoux valent 2 échantillons.	
Idem.......	Idem.		1 membrure vaut 1 échantillon.	
Idem.......	Idem.		1 planche vaut 1 échantillon.	
Idem.......	Idem.			
Idem.......	Idem.			
Idem.......	Idem.			

§ 5. — MERRAIN.

1 p. o/o de la production totale en hêtre.

Le merrain de hêtre sert : à faire des tonneaux destinés à contenir de l'huile, des savons gras, de la morue, des harengs et des sardines ; des matières sèches comme le blanc de céruse, des clous et des boulons ; enfin à l'envoi en Angleterre du beurre de Bretagne et de Normandie.

Les planches constituant le merrain portent le nom de douelles, douvelles, douves, et sont obtenues soit par la fente, soit par le sciage. Les merrains de fente se débitent sur le parterre des coupes ; il faut en effet que le bois soit humide pour que la fente se fasse convenablement ; de plus, l'ouvrier peut plus facilement choisir, dans les arbres vendus, ceux qui sont propres à cet emploi. Ces bois doivent être de très-bonne qualité, d'un diamètre minima de $0^m,40$; avoir les fibres verticales et ne présenter ni nœuds ni défauts. Le merrain de sciage est fabriqué dans des usines et ce mode de débit permet de n'employer que de très-petits arbres, les dimensions des douelles sciées étant plus faibles que celles des douelles de fente.

L'emploi des douelles sciées tend à se généraliser de plus en plus. Une très-grande partie du merrain fabriqué dans la région du Nord est actuellement obtenue par le sciage, et cette manière de procéder présente de nombreux avantages. On diminue tout d'abord le déchet : en effet, il est en général pour le merrain de fente de 50 p. o/o du volume en grume et peut même atteindre 60 p. o/o, tandis qu'il ne dépasse pas 35 p. o/o dans le merrain de sciage. Les tonneaux de hêtre ont en outre de petites dimensions, ne sont pas destinés à contenir des liquides et servent seulement au transport de substances ayant ordinairement peu de poids. De plus, la difficulté sans cesse croissante de trouver des ouvriers sachant fabriquer le merrain, la diminution par les procédés mécaniques des frais de main-d'œuvre, l'obligation de n'employer pour la fente que de très-gros et de très-beaux bois, la possibilité, au contraire, de débiter par le sciage de petits arbres de qualité moyenne, les différences de prix qui en résultent dès lors, sont autant de causes qui font que le merrain de sciage, quoique inférieur au merrain de fente, est néanmoins très-recherché.

Merrain de fente. — Les pressions intérieures ou extérieures que doivent supporter les douelles constituant le tonneau s'exercent perpendiculairement à leur épaisseur et sur toute leur largeur. Il faut donc obtenir la plus grande résistance possible avec des bois d'une très-faible épaisseur et d'une largeur modérée. Afin d'arriver à ce résultat, on fait en sorte que les douelles soient débitées, autant qu'il se peut, suivant les rayons médullaires, le tissu ligneux composant ces rayons étant plus compacte et plus résistant; c'est en effet un parenchyme comprimé, les cellules qui le forment sont aplaties. D'autre part, l'expérience et la constitution physiologique d'une tige ligneuse dicotylédonée indiquent que les arbres ne se fendent jamais plus régulièrement que suivant les rayons qui s'étendent du centre à la circonférence. Tel est le double motif qui conduit à fendre les douelles suivant les rayons médullaires.

Il y a lieu en outre de remarquer que la fente se conduit bien mieux si les deux portions que l'on sépare ont à peu près la même épaisseur que si l'une se trouve très-épaisse et l'autre très-mince. C'est pour cette raison

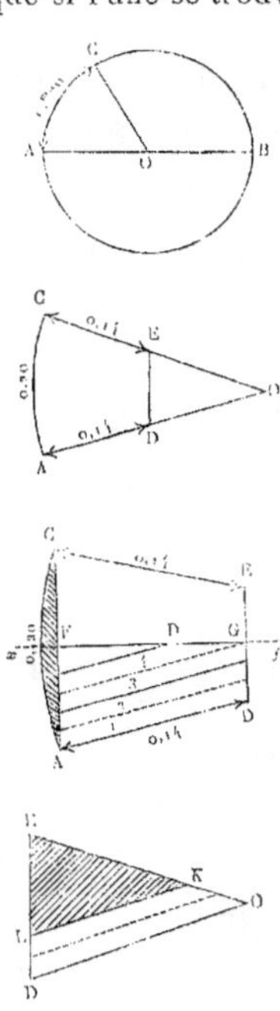

que les fendeurs séparent toujours et successivement leurs pièces par moitiés. Un exemple fera du reste mieux comprendre la manière dont on débite le merrain.

Soit AOB la section d'une bille de hêtre présentant une longueur de $0^m,76$ et un diamètre de $0^m,60$. On fend suivant un diamètre AB, et prenant AC $= 0^m,20$, on refend de nouveau suivant OC; on a alors le solide ACO. Sur les rayons OC et AO, on prend AD et CE et on sépare le solide ACO suivant DE. On obtient ainsi une sorte de parallélipipède ADEC et un prisme triangulaire DOE. Le solide ADEC est partagé en deux parties égales suivant xy; les douelles devant avoir $0^m,015$ d'épaisseur, on en a quatre dans ADGF et autant dans FGEC. Seulement la quatrième planche, ne présentant pas la largeur de $0^m,14$, est appelée petite planche; ADEC donne donc six grandes planches et deux petites. Or, quelle que soit la largeur des petites planches, il est admis que l'on compte seulement par grandes planches et que deux petites planches n'en valent qu'une grande, peu importe leur largeur, du moment qu'elle est inférieure à $0^m,14$. On obtient donc dans le solide ADEC sept grandes planches. On divise ensuite le prisme DEO en deux parties: l'une DL, ayant o^m,o3 d'épaisseur, donnera deux planches; une grande et une petite; l'autre ELK est du déchet.

Les ateliers sont de deux ouvriers : l'un fend les douelles et l'autre avec une plane les rend régulières. Dans des conditions ordinaires, ces deux ouvriers ou un atelier peuvent faire par jour 78 poignées composées de 4 planches chacune, soit donc en tout 312 planches comprenant 234 grandes et 156 petites, chacune de ces dernières n'étant comptée que pour une demi-grande planche. On donne aux ouvriers 12 francs pour fabriquer cette unité de 78, poignées qui porte le nom de *last*.

Pour faire le merrain on se sert d'un coutre, instrument tranchant qui sert à fendre les billes; d'une doloire, qui sert à régulariser à peu près la surface des planches; enfin d'un chevalet et d'une plane pour aplanir complétement les douelles, leur donner une épaisseur uniforme et les mettre en état d'être livrées au tonnelier [1].

Merrain de sciage. — Le merrain de sciage se débite d'une manière analogue et on fait en sorte de donner les traits de scie en suivant autant que possible les rayons médullaires.

Consommation.

13,004 mètres cubes provenant des forêts soumises au régime forestier sont annuellement débités en merrain.

On transforme ainsi :

10,694 mètres cubes dans la région du Nord (1re, 2e et 7e conservations).
1,940 ⸻ dans la 15e conservation.
230 ⸻ dans les Ardennes.
85 ⸻ dans l'Yonne.
50 ⸻ dans le Finistère.
5 ⸻ dans la Nièvre.

Il convient de faire observer que le débit du hêtre en merrain ne donne pas comme celui du chêne une grande variété de produits.

Les différences qui peuvent exister entre les merrains provenant de ces diverses régions ne paraissent pas suffisantes pour former des types bien distincts. Néanmoins on examinera successivement ces divers produits.

Région du Nord. — Jusqu'à présent on ne fait du merrain de sciage que dans

[1] Voir les outils, page 98.

la 1re et la 7e conservation. La nomenclature des produits est la même pour tous les départements de la région du Nord où l'on fait du merrain de hêtre, soit par la fente, soit par le sciage. Le tableau suivant fait connaître les noms et les dimensions des pièces que l'on fabrique *le plus ordinairement:*

NOMENCLATURE.		MERRAINS DE FENTE.			MERRAINS DE SCIAGE.			EMPLOIS.
		LON-GUEUR.	LARGEUR.	ÉPAIS-SEUR.	LON-GUEUR.	LARGEUR.	ÉPAISSEUR.	
Bois de tonne...	Longs bois.	0,75	0,12 à 0,15	0,018	0,75	0,06 à 0,10	0,010 à 0,012	Huile, morue, harengs, clouterie, savons gras et savons mous, beurre, etc.
	Fonds. ...	0,48	0,25 à 0,30	0,020	0,48	Idem.	0,011 à 0,014	
Bois de 1/2 tonne.	Longs bois.	0,60	0,12	0,015	0,60	Idem.	0,010 à 0,012	
	Fonds. ...	0,36	0,20	0,018	0,36	Idem.	0,011 à 0,014	
Bois 1/4 de tonne.	Longs bois.	0,48	0,12	0,014	0,48	Idem.	0,010 à 0,012	
	Fonds. ...	0,30	0,20	0,018	0,30	Idem.	0,011 à 0,014	
Bois 1/8 de tonne.	Longs bois.	0,42	0,12	0,014	0,42	Idem.	0,010 à 0,012	
	Fonds.. .	0,30	0,20	0,018	0,30	Idem.	0,011 à 0,014	

De l'examen de ce tableau il résulte que pour une même espèce de merrain, les bois de tonne par exemple, la largeur et l'épaisseur des douelles sciées sont plus faibles que celles des douelles de fente. Cette différence est facile à expliquer. Les pressions intérieures ou extérieures que doivent supporter les douelles s'exercent perpendiculairement à leur épaisseur et sur toute leur largeur. Or la scie ayant coupé un certain nombre de fibres, les douelles sciées ont moins de résistance que si elles avaient été obtenues par la fente; leur largeur doit donc être plus faible. Il est également nécessaire que l'épaisseur soit moins grande, afin que la douelle sciée ait plus de souplesse et puisse être courbée par le tonnelier, ce qui ne pourrait avoir lieu si elle était aussi épaisse, le fil du bois étant rompu.

Il est intéressant de faire connaître le rendement en matière et en argent, dans un même département, d'un mètre cube de hêtre pris dans des arbres susceptibles de donner l'un du merrain de fente, l'autre du merrain de sciage. Le prix d'acquisition de la matière première est tout d'abord bien différent, puisqu'on peut débiter par le sciage de très-petits arbres de qualité moyenne, tandis qu'il faut de très-beaux hêtres de 0^m,40 pour fabriquer le merrain de fente. D'autre part, les dimensions des deux espèces de produits n'étant pas les mêmes, o^m,785 (cubés au quart sans déduction) suffisent pour donner un millier assorti de tous échantillons de merrain de sciage, tandis qu'il faut o^m,962 (également cubés au quart) pour obtenir le même millier de merrain de fente.

On a donc :

Merrain de sciage.

o^mc,785 donnant un millier de merrain, vendu...... 50^f 00^c
Déchets marchands............................ 2 65
                                              ———— 52^f 65^c
    Frais divers :

Achat de o^m,785 à raison de 22 francs le mètre cube. 17 27
Façon d'un millier............................... 12 00
                                              ———— 29 27
       Différence........... ———— 23^f 38^c

Merrain de fente.

o^mc,962 donnant un millier de merrain, vendu....... 58^f 00^c
Déchets marchands............................ 4 85
                                              ———— 62^f 85^c
    Frais divers :

Achat de o^m,962 à raison de 32 francs le mètre cube. 30 78
Façon d'un millier............................... 15 00
                                              ———— 45 78
       Différence........... ———— 17 07

Soit, en faveur du millier de merrain de sciage, une différence de. 6 31

L'unité de vente des bois de tonne du merrain de fente est le *last*, se composant de 78 poignées de 4 pièces chacune, soit 312 douelles comprenant 234 grandes et 156 petites, deux de ces dernières n'étant comptées que pour une grande planche; le last vaut 40 francs sur le port.

Les bois de demi, de quart, de huitième de tonne, sont vendus au mille, comprenant un certain nombre de bottes.

Un mille de bois de demi-tonne comprend 48 bottes de 26 pièces chacune.

Un mille de bois d'un quart de tonne comprend 60 bottes de 26 pièces chacune.

Un mille de bois d'un huitième de tonne comprend 70 bottes de 26 pièces chacune.

On compte encore deux pièces pour une, toutes les fois que leur largeur est inférieure à 0^m,14. Le mille est vendu 58 francs, rendu sur le port.

Le merrain de sciage se vend à raison de 50 francs le mille, également rendu au lieu d'embarquement. Il comprend le même nombre de bottes que le merrain de fente, suivant qu'il s'agit de bois de demi, de quart ou de huitième de tonne. Toutefois, la largeur des douelles n'est pas comptée comme dans le merrain de fente, mais le nombre des planches composant la botte doit être tel que la somme de leurs largeurs soit égale à 3^m,64. Par conséquent, il est tenu compte de la largeur des pièces dans la constitution du mille.

Dans la Seine-Inférieure, l'unité est le grand mille, vendu 120 francs et comprenant un nombre de pièces qui varie en raison inverse des dimensions des douelles.

Les merrains fabriqués dans la région du Nord servent à tous les emplois qui ont été indiqués. Ils sont débités dans les départements de la Somme, du Nord, de Seine-et-Marne, de l'Oise, de l'Aisne, etc. Ils sont expédiés surtout le littoral de la Manche, depuis le Havre jusqu'à Dunkerque.

Dans la 15e conservation (l'Orne, la Sarthe et le Calvados), on fait du merrain de hêtre ayant les dimensions suivantes : Autres régions.

	Longueur.	Largeur.	Épaisseur.	Emplois.
Douelles	0^m,50	Variable	0^m,01	Expédition de beurre
Fonds	0 33	id.	0 01	et de sardines.

Le millier se compose de 20 bottes de douelles et de 8 bottes de pièces de fond et est vendu 53 francs.

Dans les Ardennes, le merrain est employé à faire des tonneaux pour les fabriques de clous de la vallée de la Meuse. Le mille assorti, qui est vendu 55 francs, comprend 700 douves et 300 fonds.

Les quantités de bois débités en merrain provenant des forêts soumises au régime forestier n'ont aucune importance dans l'Yonne, le Finistère et la Nièvre.

§ 6. — SABOTAGE.

5 p. o/o de la production totale du hêtre.

Les arbres propres au sabotage doivent être sains, de bonne qualité et encore verts. Le bois qui a été conservé plus d'une année, même étant resté exposé à l'air extérieur, ne se travaille pas bien, et lorsque les sabotiers sont forcés d'utiliser du bois sec, avant de l'employer, ils le font tremper dans l'eau bouillante pendant une heure environ.

On fabrique des sabots soit avec des rondins, soit avec des arbres fendus par quartiers; mais ces derniers sabots sont plus estimés, car ils ne contiennent pas le cœur du bois et sont dès lors moins exposés à se fendre. Les formes des sabots sont très-différentes; néanmoins on fabrique presque partout des sabots couverts et des sabots découverts; chacune de ces catégories comprend les sabots d'hommes, les sabots de femmes et les sabots d'enfants. Les dimensions de tous ces produits sont les suivantes :

Longueur des sabots . . . .   0^m,15 à 0^m,35
Largeur des sabots . . . .   0 06 à 0 13
Hauteur des sabots . . . .   0 06 à 0 15

Les arbres employés au sabotage sont tout d'abord découpés à la scie en tronces de la longueur des sabots que l'on veut fabriquer. Puis on refend cette tronce suivant un diamètre et chacun des demi-cylindres ainsi obtenus en un certain nombre de quartiers.

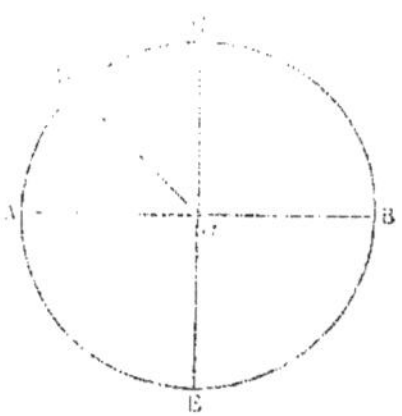

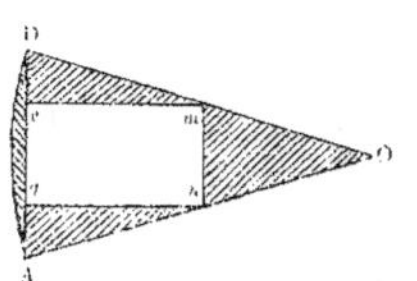

Prenons par exemple une bille de 1^m,40 de circonférence découpée à la longueur de 0^m,28. Cette bille est divisée en quatre parties, suivant les deux diamètres perpendiculaires AB et CE et chacune d'elles AOC en deux prismes triangulaires AOD, DOC, soit à l'aide de coins, soit avec le coutre, soit avec la hache.

On obtient ainsi huit solides, tels que AOD. On fend ensuite suivant mn, distant de AD de la longueur que l'on veut donner au sabot, dont mn est d'autre part la hauteur. En enlevant les parties teintées de la figure ci-dessus, il reste un prisme rectangulaire mncg dans lequel on prend le sabot.

À l'aide d'une hache à main, l'ouvrier ébauche le sabot en enlevant les parties b; il arrondit la partie supérieure et aplanit la partie inférieure; puis, avec l'herminette, il fait les échancrures c pour former le talon et l'entrée. En se servant tantôt de la hache, tantôt de l'herminette, l'ouvrier parvient à donner au mor-

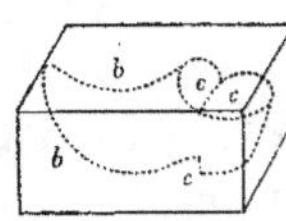

ceau de bois à peu près la forme du sabot, qu'il faut alors creuser et polir. Le creusage s'effectue de la manière suivante : le sabot est placé dans une entaille faite dans une sorte de chevalet. On commence par faire des trous dans le talon en *t* et à l'entrée *r* au moyen d'une tarière, afin de pouvoir introduire les cuillers qui servent au creusage. Avec le boutoir, l'ouvrier enlève les sinuosités faites par ces cuillers [1].

Le creusage des sabots exige beaucoup d'adresse ; il ne faut ni laisser trop de bois, ce qui alourdirait inutilement le sabot, ni en trop enlever, car le sabot n'aurait plus alors de solidité ; enfin, pour que le pied soit bien placé, la largeur ne doit pas être partout la même.

Le creusage effectué, on finit l'extérieur du sabot avec le paroir ou réparoir ; c'est une sorte de long couteau attaché par une boucle à un banc, et on polit l'intérieur avec un racloir et un polissoir.

On enfume alors les sabots en les plaçant au-dessus d'un feu de bois vert donnant peu de flamme et beaucoup de fumée. Cette opération a pour but de colorer le sabot et surtout de le sécher, afin de l'empêcher de se fendre.

Les sabots sont maintenant le plus souvent fabriqués dans les villages; en tous cas, les ateliers sont en général composés de deux ouvriers : l'un découpe les arbres et dégrossit les sabots, l'autre les creuse et les termine. Un atelier peut fabriquer 20 paires de sabots par jour.

Le tronçonnement varie nécessairement suivant les dimensions de l'arbre, et il nous suffira d'examiner deux cas particuliers pour donner une idée de la manière d'opérer.

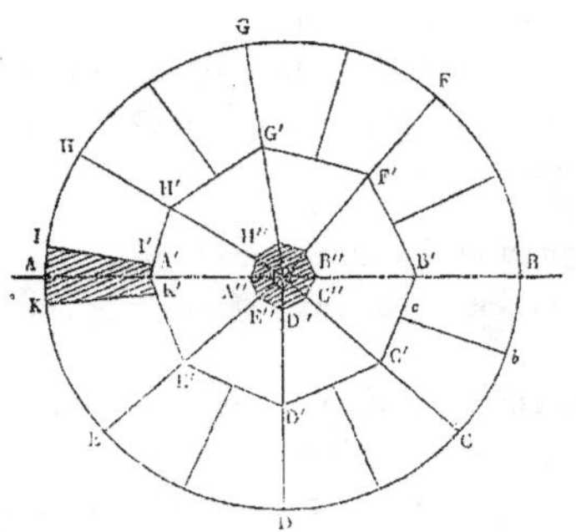

1ᵉʳ cas particulier.—*Bille d'environ $1^m,80$ de circonférence.*—L'ouvrier fend d'abord suivant le diamètre AB; il prend les cordes BC, CD, DE, BF, FG, GH, respectivement égales à $0^m,25$ par exemple, et fend suivant les rayons OB, OF, OG, OH, OC, OD, OE. Il prend les portions de rayon BB', CC', DD'... égales à $0^m,25$ et fend suivant B'C', C'D', etc. Il obtient ainsi six volumes BB'CC', qui seront à leur tour fendus suivant *bc* et fourni-

[1] Voir les outils, page 94.

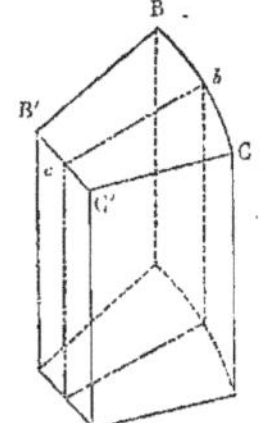

ront chacun deux morceaux égaux, soit deux sabots d'homme.

Prenant encore B'B″, C'C″... égaux à 0^m,25, et fendant suivant B″C″, C″D″, etc., on obtiendra six nouveaux solides, lesquels donneront encore des sabots d'homme ou de femme, etc., suivant les longueurs B″C″ qui dépendent de leur distance au centre et de la dimension de la pièce.

HH'II' donnera un sabot comme EE'KK'.

AII'K'K est du déchet, de même que le cœur de l'arbre. On tirera encore, soit des sabots d'homme, soit des sabots de femme, soit des sabots d'écolier, soit des sabots d'enfant, dans A'H'A″H″, E'E″AA″.

2ᵉ cas particulier. — Bille d'environ 2^m,60 de circonférence. — L'ouvrier, après

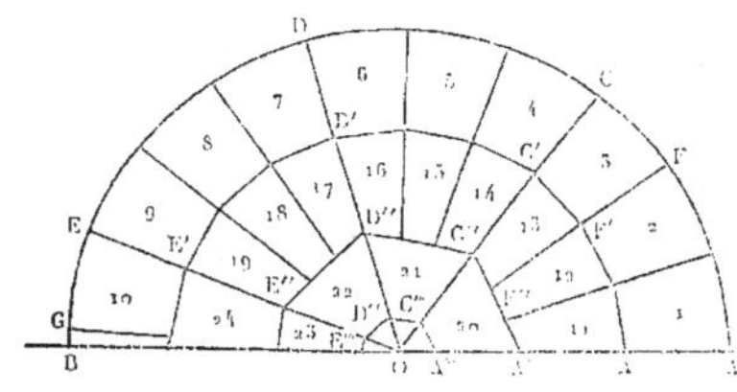

avoir fendu suivant AB, fendra suivant CO, DO, EO, prenant AC = DC = DE = 3 × 0,25; faisant AA″ = CC″... = 2 × 0,25; puis AA‴ = CC‴... = 3 × 0,25, et fendra suivant A‴C‴.... A″C″.... puis suivant FF″... et enfin suivant A'F', F'C'.

Les solides 1...10 lui donneront des sabots d'homme; 11...19 des sabots de femme; 20...23 des sabots d'écolier ou d'enfant; 24 un sabot d'homme ou de femme, suivant la longueur de l'arc BG.

Tels sont les procédés les plus ordinaires de la fabrication des sabots. Les instruments varient peu : on emploie parfois une gouge au lieu de la tarière pour commencer le creusage, et on polit alors le fond du sabot avec une rouanne: c'est un instrument recourbé en crochet à son extrémité.

Déchet.

Les arbres pouvant donner des sabots de quartier doivent avoir 0^m,60 de circonférence au minimum. La dimension des rondins dépend des sabots que l'on veut fabriquer.

Le déchet est en raison inverse de la grosseur de l'arbre; il atteint le minimum lorsqu'on peut prendre sur un même rayon d'une tronce deux rangées de sabots, ce qui a lieu lorsque cette tronce a 1^m,80 à 2^m,00 de circonférence. (Voir fig. 1.)

En tous cas, le déchet est toujours très-considérable : il est en général de 80 p. o/o et peut même atteindre 85 à 86 p. o/o.

Le mode de vente et les prix sont très-variables. Ils diffèrent non-seulement suivant les provinces, mais aussi dans un même département. En général, les sabots se vendent à la grosse assortie de 12 douzaines de paires, comprenant un tiers de sabots d'homme, un tiers de sabots de femme, un tiers de sabots d'enfant (Vosges, Marne, etc.). Souvent, comme dans l'Allier, par exemple, l'unité de vente est la douzaine, qui se compose de 5 paires de sabots d'homme, 4 paires de sabots de femme, 3 paires de sabots d'enfant. Dans la Côte-d'Or, on vend les sabots au cent assorti ; dans d'autres contrées, l'unité est la somme qui comprend 80 paires, etc.

On sait que les dimensions et les formes de sabots sont extrêmement variables ; il est donc impossible de faire connaître d'une manière générale le nombre de sabots que peut donner un mètre cube et par conséquent de déterminer quel est exactement le rendement pour cette fabrication. On se bornera dès lors à indiquer le rendement et les prix pour un seul département, les Vosges, par exemple, où le nombre de mètres cubes annuellement employés au sabotage est un des plus considérables (7,000 mètres cubes).

Dans les Vosges, 1 mètre cube peut donner de 100 à 120 paires de sabots de diverses tailles. La grosse assortie est de 12 douzaines de paires avec rhabillage de 1 paire par douzaine ; elle se compose donc de 156 paires, qui peuvent être fournies par 1^{mc},500.

Ona alors :

> Grosse (156 paires) vendue...................... 90^f
> Déchet marchand vendu........................ 9
>
>   99^f

Les frais sont :

Achat de 1^{mc},500 à raison de 30 francs le mètre cube... 45^f
Façon de 156 paires à raison de 30 centimes l'une..... 47

                                                     92

DONC DIFFÉRENCE............... 7

Soit un bénéfice de 4 fr. 60 cent. environ par mètre cube.

Parfois on fabrique les sabots dans des usines; les outils sont alors mis en mouvement par une machine à vapeur.

Avec une scie à ruban, on commence par dégrossir les quartiers de hêtre, successivement placés sur des planchettes représentant les différentes courbures du sabot. On achève de donner la forme extérieure avec des couteaux dirigés par deux sabots modèles qu'ils reproduisent exactement. Le creusage s'effectue à l'aide de cuillers animées d'un mouvement de rotation et qui suivent également les contours intérieurs de deux sabots modèles.

La fabrication des sabots emploie annuellement 63,234 mètres cubes de hêtre provenant des forêts soumises au régime forestier. Ces produits sont fabriqués dans presque toute la France; le tableau général fait connaître les nombreux départements où le hêtre est ainsi débité.

§ 7. — CHARRONNAGE.

1 p. o/o de la production totale en hêtre.

Le charronnage proprement dit emploie le hêtre pour faire des jantes de roues, des moyeux, des herses, des oreilles de charrues, etc. Ces divers produits, destinés à la consommation locale, sont en général façonnés dans les villages et rarement en forêt. On se bornera dès lors à donner quelques détails sommaires sur leur fabrication.

Jantes de roues. — Le débit en jantes de roues est de beaucoup le plus important. Autrefois les jantes étaient uniquement obtenues par la fente, mais on en fait actuellement un grand nombre qui sont simplement sciées dans des madriers.

Les jantes de fente se font de la manière suivante. On fend la tronce débitée à 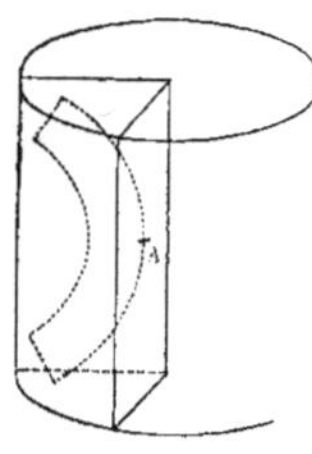 la longueur de la jante en un certain nombre de quartiers et dans chacun d'eux on découpe la jante avec une hache, en ayant soin de faire en sorte que la partie convexe soit sur l'une des sections de fente, en A par exemple; dès lors une des faces planes est prise sur l'écorce. On aplanit ensuite les deux parties parallèles qui forment le plat de la jante, et avec le hoyau et l'herminette on donne la courbure voulue. Le tableau suivant fait connaître les dimensions les plus ordinaires des jantes fendues, le nombre donné par un mètre cube, enfin le mode et le prix de vente.

LARGEUR		ÉPAISSEUR		LONGUEUR.		NOMBRE de JANTES DONNÉ par un mètre cube.	PRIX DE VENTE.
BRUTE.	TRAVAILLÉE.	BRUTE.	TRAVAILLÉE.	Petites roues.	Grandes roues		
0,065	0,051	0,065	0,051	0,665	0,75	65 à 70	50 francs le cent.
0,070	0,055	0,074	0,060	0,665	0,75	65 70	
0,098	0,083	0,090	0,076	0,665	0,75	55 60	60 à 65 francs le cent.
0,125	0,111	0,090	0,076	0.665	0,75	45 50	70 à 80 francs le cent.

Parfois on fait des jantes de brins, c'est-à-dire qu'elles sont prises dans des branches ayant la courbure convenable. Ordinairement on refend en deux les branches courbes ayant $0^m,65$ à $0^m,80$ de circonférence.

Les jantes sciées sont prises dans des plateaux ayant les épaisseurs suivantes :

$0^m,063$ pour les chariots de 1 ou 2 chevaux ;
$0^m,084$ pour les chariots de 3 chevaux ;

$0^m,149$
$0^m,152$ pour les chariots de 4, 5 ou 6 chevaux.
$0^m,166$

Les jantes pour les chariots de un à trois chevaux ont la section carrée ; les autres ont une longueur de $0^m,095$ à $0^m,17$. La longueur des jantes sciées varie de $0^m,695$ à 1 mètre pour les roues de derrière, et elle est généralement de $0^m,50$ pour les roues de devant.

Une tronce de $2^m,20$ de longueur sur $2^m,10$ de circonférence peut donner 66 jantes de $0^m,77$ de longueur sur une largeur de $0^m,14$ à $0^m,17$.

Les jantes fendues sont bien supérieures aux jantes sciées, mais le déchet qui résulte de leur fabrication est de 50 à 60 p. o/o, tandis que pour les jantes sciées il ne dépasse pas 35 p. o/o. Les arbres doivent être de qualité moyenne et avoir au minimum $1^m,20$ de circonférence.

Moyeux. — Les moyeux sont tournés et fabriqués dans les villages. Ils ont 1 mètre de tour et une largeur de $0^m,50$. Un mètre cube en grume peut donner de 20 à 25 moyeux. Le déchet est de 10 p. o/o.

Oreilles de charrues. — Les dimensions les plus ordinaires sont de $0^m,813$ à

0^m,889 de longueur, sur 0^m,444 de largeur. Un mètre cube en grume peut donner 35 à 40 pièces de cette nature. Le déchet est de 30 p. o/o.

Herses. — Une herse se compose de six membrures de 1^m,330 de longueur sur 0^m,083 de largeur et 0^m,056 d'épaisseur environ. D'un mètre cube on peut tirer 50 membrures, dents comprises. Le déchet est de 20 p. o/o.

On fait encore avec le hêtre des hais de charrues, des rouleaux pour l'agriculture, parfois des brancards pour charrettes, plus rarement des essieux et des rais; enfin des brouettes, des brais pour le chanvre, des chevalets pour les tanneurs, etc.

Le hêtre est ainsi surtout débité dans le Nord, les Vosges, les Basses-Alpes, la Meuse, Meurthe-et-Moselle, la Haute-Marne, les Ardennes, etc.

Il y a lieu de faire observer que la quantité de hêtre réellement employée au charronnage est supérieure à 1/10 p. o/o de la production totale. Un assez grand nombre de sciages marchands, plateaux, madriers et planches donnant les divers produits qui viennent d'être énumérés, servent en outre à faire des fonds et des siéges de voitures, entrent dans la construction de diverses machines, celles à battre, par exemple, en un mot sont employés à la fabrication des voitures ou des instruments agricoles. Il aurait donc fallu connaître la quotité des sciages destinés à ces différentes applications; mais il était bien difficile aux agents de pouvoir l'indiquer exactement. Le chiffre de 12,057 mètres cubes, porté au tableau relatif à la production en hêtre des forêts soumises au régime forestier, doit donc être considéré comme un minimum.

§ 8. — BOIS DE TOUR.

0.6 p. o/o de la production totale.

Les produits que l'on obtient en travaillant le hêtre à l'aide d'un tour peuvent être classés en deux catégories : les ustensiles de ménage d'une part, plats, écuelles ou sébiles, et les bois ronds d'autre part, c'est-à-dire ceux qui ont la forme cylindrique ou la conservent à peu près.

Ustensiles de ménage. — L'arbre est tout d'abord découpé en tronces qui sont ensuite fendues par quartiers, et de chacun d'eux on retire une série d'objets de même espèce. On commence par faire les plus grands, puis successivement on obtient ceux de dimensions inférieures; de telle sorte que les produits fabriqués dans un même quartier peuvent tous être placés les uns dans les autres [1].

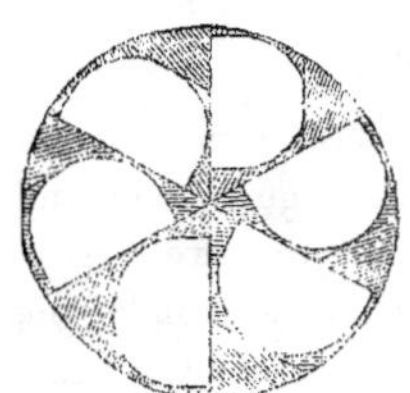

Sébiles ou telles. — La longueur de la tronce est un peu supérieure au diamètre de la pièce qui doit commencer la série. Avec une hachette, l'ouvrier dégrossit le quartier et donne à ce solide la forme d'une demi-sphère aplatie, qu'il place alors sur le tour. C'est de cette pièce, appelée pelote, qu'il va retirer une série de sébiles. Il détermine pour cela l'épaisseur de la première pièce, puis, avec des gouges, dont la courbure est exactement celle des sébiles, il creuse un sillon ayant toujours la même épaisseur. Il obtient ainsi la plus grande telle, et, du bloc de bois qui reste, il en détache de même une seconde, puis une troisième et ainsi de suite, jusqu'à ce qu'il ne puisse plus prendre des sébilles de $0^m,12$ à $0^m,15$ de diamètre, car ce sont les plus faibles qu'on livre au commerce.

D'une pelote de $0^m,63$ à $0^m,66$ de diamètre on peut retirer 9 sébiles formant la série suivante :

1 sébile de $0^m,60$ de diamètre à l'intérieur, d'une épaisseur de $0^m,02$ et d'une profondeur intérieure de $0^m,220$.

1 sébile de $0^m,54$ de diamètre à l'intérieur, d'une épaisseur de $0^m,02$ et d'une profondeur intérieure de $0^m,210$.

1 sébile de $0^m,48$ de diamètre à l'intérieur, d'une épaisseur de $0^m,02$ et d'une profondeur intérieure de $0^m,200$.

1 sébile de $0^m,42$ de diamètre à l'intérieur, d'une épaisseur de $0^m,018$ et d'une profondeur intérieure de $0^m,175$.

1 sébile de $0^m,36$ de diamètre à l'intérieur, d'une épaisseur de $0^m,016$ et d'une profondeur intérieure de $0^m,145$.

1 sébile de $0^m,30$ de diamètre à l'intérieur, d'une épaisseur de $0^m,015$ et d'une profondeur intérieure de $0^m,110$.

1 sébile de $0^m,255$ de diamètre à l'intérieur, d'une épaisseur de $0^m,011$ et d'une profondeur intérieure de $0^m,090$.

1 sébile de $0^m,18$ de diamètre à l'intérieur, d'une épaisseur de $0,008$ et d'une profondeur intérieure de $0^m,075$.

1 sébile de $0^m,15$ de diamètre à l'intérieur, d'une épaisseur de $0^m,005$ à $0^m,006$ et d'une profondeur intérieure de $0^m,060$.

---

[1] Voir les outils, page 96.

Pour ce débit, il faut des arbres de o^m,65 de diamètre et au-dessus, et de très-bonne qualité. Le déchet est de 70 p. o/o environ.

Les sébiles se vendent à la pièce ou à la douzaine. Il en est exporté une grande quantité en Belgique et en Hollande.

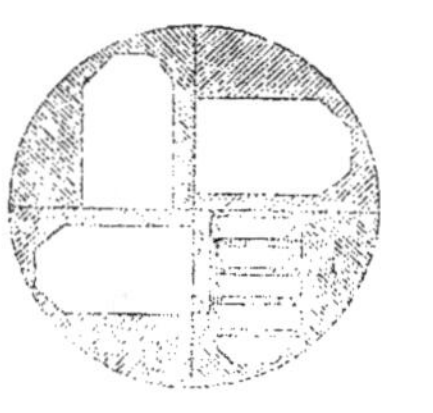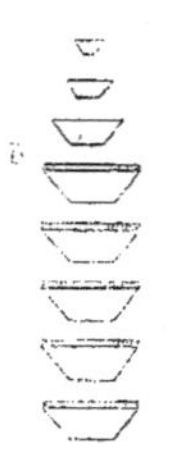

Plats. — Les arbres sont sciés en tronces de o^m,45 de longueur. On fend ces tronces seulement en quatre, l'épaisseur des plats étant plus grande que celle des sébiles, et de chaque quartier on retire 6, 7 ou 8 plats. La fabrication est la même que pour les sébiles; mais il y a lieu de remarquer que tous les plats provenant d'une pelote A, sauf les trois derniers, ont les mêmes dimensions. Ceux-ci, étant pris dans l'intérieur de *b*, diminuent en diamètre au fur et à mesure que l'on se rapproche du centre.

On fabrique des plats ayant :

o^m,48 de largeur intérieure, o^m,95 de profondeur intérieure et o^m,015 d'épaisseur.
o^m,45 ——————————— o^m,95 ——————————— o^m,015 ——————
o^m,42 ——————————— o^m,95 ——————————— o^m,015 ——————
o^m,36 ——————————— o^m,90 ——————————— o^m,015 ——————
o^m,30 ——————————— o^m,90 ——————————— o^m,015 ——————
o^m,27 ——————————— o^m,85 ——————————— o^m,015 ——————
o^m,24 ——————————— o^m,85 ——————————— o^m,015 ——————
o^m,21 ——————————— o^m,80 ——————————— o^m,015 ——————

Les arbres doivent avoir les mêmes dimensions et les mêmes qualités que pour le débit précédent. Toutefois, le déchet est moins grand et ne dépasse pas 60 p. o/o.

La plus grande partie de ces produits est également expédiée en Belgique et en Hollande.

Les bois ronds comprennent : 1° les manches de toutes sortes, manches à balais, à têtes de loup ou à pinceaux, manches de parapluies, etc.; 2° les bois de chaises les plus variés, depuis les plus simples jusqu'aux plus ornés, et il convient d'ajouter à la confection des chaises celle des fauteuils, tabourets, pliants, jardinières, berceaux d'enfants, étagères, casiers à musique, métiers à broder, séchoirs de toilette, porte-cannes, etc.; 3° des articles pour filatures, broches, bobines, baguettes à tisser; 4° des objets servant à la décoration des meubles ou à la passementerie, tels que boutons, glands, pompons, macarons, bourrelets, œufs, coulants pour embrasses, lambrequins, boules, clochettes, olives, etc.; 5° des articles divers, robinets de fontaines, bouche-bouteilles, étuis à lunettes, montures de moulins à café et à poivre, etc.

Il n'est pas possible de donner des détails sur la fabrication de tous ces produits; on se bornera donc à examiner brièvement ce qui est relatif aux manches et aux chaises.

Manches. — Tous les manches ou bois parfaitement cylindriques se fabriquent d'une manière identique; dès lors, pour fixer les idées, il y a lieu d'étudier le débit en manches à balais par exemple.

Il faut des arbres ayant au moins 1^m,20 de circonférence, parfaitement sains,

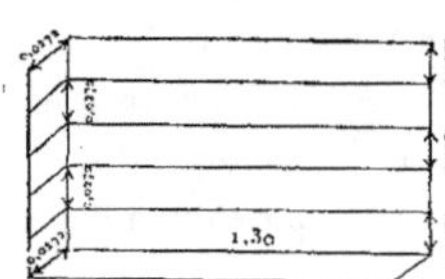

sans nœuds ni vices d'aucune sorte. On les débite d'abord en troncs de 1^m,30 de longueur, et, à l'aide d'une scie circulaire, on les divise en planches ayant une épaisseur de 0^m,0272. On découpe ensuite ces planches dans le sens de la longueur en parties ayant 0^m,0272 de largeur, et on obtient ainsi des prismes à section carrée de 0^m,0272 de côté et de 1^m,30 de longueur. On fait alors passer ces prismes, animés d'un mouvement de rotation,

dans un mandrin fixe qui donne une forme cylindrique à chacun d'eux. Quelquefois c'est le mandrin qui est mobile et parcourt alors le prisme monté sur un tour. Avec un mètre cube au quart on peut obtenir 70 p. o/o de manches à balais : le déchet est par conséquent de 30 p. o/o.

Ce mètre cube peut donner 550 manches de 0^m,027 de diamètre, ayant 1^m,30 de longueur et vendus 12 francs le cent. Donc :

<pre>
1 mètre cube donne des produits vendus....................   66ᶠ
      Les frais sont :
Achat du mètre cube, rendu.......................... 35ᶠ
Façon.. 10
                                                     ———
                                                      45
      DIFFÉRENCE..........   21
</pre>

On fait ainsi des bois parfaitement cylindriques, depuis 0^m,045 de diamètre, ayant des longueurs variables.

Les bâtons de o^m,oo3 à o^m,oo7 servent à faire des jouets d'enfants ou des porte-plumes;
———————— de o^m,oo8 à o^m,o16 ———————— des manches de parapluies et des cannes;
———————— de o^m,o17 à o^m,o22 ———————— des manches de plumeaux et de pinceaux ;
———————— de o^m,o23 à o^m,o3o ———————— des manches de balais et de têtes de loup;
———————— de o^m,o31 à o^m,o45 sont employés pour monter les stores ou les tentes, pour les échelles, etc.

Lorsqu'on fabrique des manches de parapluies avec crochets, ce crochet n'est arrondi que dans les ateliers de monture.

Chaises. — Les bois de chaises sont cylindriques ou bien ont des formes très-variées. Les premiers s'obtiennent comme les divers manches ; les seconds se fabriquent sur le tour avec des outils à main. Les bâtons de chaises cylindriques ont o^m,27 et o^m,32 de longueur sur o^m,o2o de diamètre. Cette faible longueur permet d'utiliser les fausses coupes. Ces bois sont vendus par mille assorti, comprenant 800 morceaux de o^m,32 et 200 morceaux ayant o^m,27. Le mètre cube peut donner 4,800 bois assortis. Le déchet est de 4o p. o/o environ.

On fait aussi avec le hêtre des chaises de jardin ou des chaises de cuisine. Elles se composent de deux X assemblés, de o^m,35 d'équarrissage sur o^m,52 de longueur. Les montants ont o^m,75 de hauteur et les deux X sont reliés par 4 bâtons de o^m,o15 de diamètre sur o^m,3o de longueur; 4 traverses de o^m,o15 forment le siége, sur lequel sont clouées douze fausses coupes de manches à balai refendus. Il faut, pour faire une chaise, un morceau de hêtre équarri de o^m,o35 de côté et 4^m,92 de longueur; 2 bâtons ronds, l'un de o^m,o27 sur 5 mètres et l'autre de o^m,o15 sur 1^m,2o. On peut faire 8o chaises de jardin dans un mètre cube, qui sont vendues 2 fr. 5o cent. pièce. Le mètre cube donne donc des produits ayant une valeur de 2o4 francs. On peut obtenir 12o chaises communes dites *de cuisine* dans un mètre cube.

Consommation.

Les bois de tour emploient annuellement 8,21o mètres cubes de hêtre provenant des forêts soumises au régime forestier. Cette quotité de matière ligneuse peut être répartie de la manière suivante entre les industries qui livrent à la consommation les divers produits obtenus en travaillant le hêtre à l'aide d'un tour.

1° Vaisselle en bois. . . . . 1,ooo m. cub.

2° Bois ronds
{
Manches divers. . . . . 3,ooo m. cub.
Bois de chaises. 3,ooo
Articles divers, boutons, objets pour filatures. 1,21o
} 7,21o

TOTAL 8,21o

Les ustensiles de ménage sont fabriqués dans le Nord, l'Orne, les Vosges, la Meuse, l'Allier, etc.

Les manches sont faits dans l'Oise, la Côte-d'Or, le Jura, l'Orne, la Sarthe, la Meuse, le Tarn, la Haute-Savoie, etc.

Les bois de chaises se débitent dans les Ardennes, la Meuse, Saône-et-Loire, l'Oise, l'Ain, le Tarn, l'Ardèche, la Haute-Saône, les Hautes-Alpes, etc.

Enfin on fabrique les articles pour filatures dans le Nord, les Vosges, le Jura, le Doubs et l'Ain; les montures de moulins à café, dans le Doubs; les robinets, bouche-bouteilles et étuis à lunettes, dans le Jura; les objets de passementerie, dans la Meuse, l'Ain, l'Oise, etc.

§ 9. — INDUSTRIES DIVERSES.

3 p. o/o de la production totale en hêtre.

Un très-grand nombre d'objets sont fabriqués avec le hêtre, soit sur le parterre des coupes, soit dans des usines. Quelques-uns de ces produits étaient autrefois désignés sous le nom d'ouvrages de raclerie; ils étaient alors uniquement obtenus par la fente. Pour des motifs qui seront indiqués plus loin, ils sont aujourd'hui presque partout débités à l'aide de la scie; dès lors, en présence des modifications apportées dans les procédés de fabrication, on n'a pas cru devoir maintenir l'ancienne dénomination, qui ne paraissait plus pouvoir être appliquée d'une manière générale.

On fait avec le hêtre des bois d'arcole ou de bourrelerie, des boîtes, des bois de brosses, des pelles, des cerches, des semelles de galoches, etc. Il y a lieu d'examiner rapidement la fabrication de ces divers produits.

BOIS D'ARCOLE OU DE BOURRELERIE.

Avec le hêtre on fabrique un assez grand nombre de ces produits: les attelles de colliers, les fûts de bâts, les fûts de sellettes, les arçons de sellettes ou de selles, les jougs à bœufs, les formes à collier et les pinces de bourreliers, qui, servant soit à l'équipement des bêtes de somme, soit à travailler le cuir, sont dénommés bois d'arcole ou de bourrelerie.

Les différences entre les fûts et les arçons de sellettes consistent en ce que : 1° les fûts ne se composent que de quatre pièces, tandis que les arçons sont formés par six, sept ou huit pièces; 2° dans l'emploi, les fûts de sellettes ne servent que pour les harnais communs, les arçons de sellettes n'étant utilisés que dans la fabrication des harnais fins.

Tous ces produits se fabriquent de la même manière : sur un madrier on trace l'épure de l'objet et l'on découpe suivant le dessin. Autrefois, et cela se fait encore dans certaines parties de la France, ces madriers s'obtenaient par la fente ; le découpage s'effectuait à la hache, puis avec une plane on polissait les ouvrages d'arcole ainsi obtenus. Les procédés plus perfectionnés, et qui tendent d'ailleurs à être universellement employés, consistent à scier les madriers, à effectuer le découpage avec une scie à main à chantourner, et mieux encore à l'aide d'une scie mécanique à ruban. Enfin il est préférable d'employer des madriers sur lesquels on puisse tracer les épures de plusieurs sortes de produits.

Un ouvrier habile peut ainsi diminuer le déchet, qui est alors bien moins considérable que si on prend un madrier pour chaque espèce d'ouvrage.

Tous ces produits divers sont enfumés pour leur donner de la couleur, les sécher et les empêcher ainsi de se fendre.

Il convient d'examiner un peu en détail chacun des bois d'arcole.

Attelles.

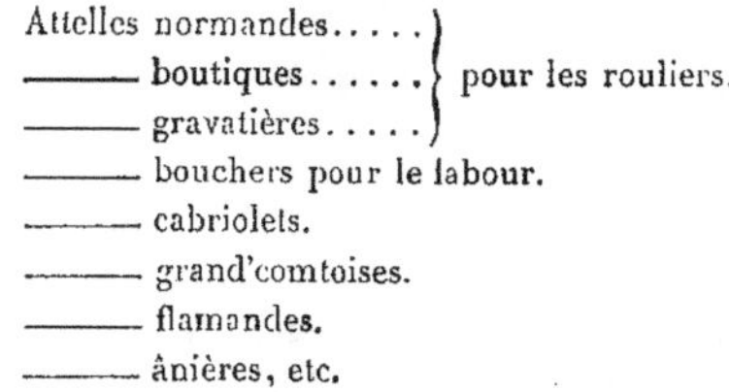

La découpe faite suivant l'épure donne une paire d'attelles. On sépare A et A' par un trait de scie passé dans le sens de la longueur.

Il existe un très grand-nombre de modèles d'attelles; on les divise en général en :

Attelles normandes..... ⎫
———— boutiques......, ⎬ pour les rouliers.
———— gravatières..... ⎭
———— bouchers pour le labour.
———— cabriolets.
———— grand'comtoises.
———— flamandes.
———— ânières, etc.

Les dimensions et les formes sont très-variables : le rendement par mètre cube est donc difficile à établir. On examinera seulement ce qui est relatif aux attelles de dimensions moyennes.

Un mètre cube donne 5o paires d'attelles à 1 fr. la paire (à Paris)..   5o^f oo^c
Déchet marchand ost,75 à 1o francs le stère....................   7 5o
                                                                     —————— 57^f 5o^c

       Les frais se décomposent ainsi :

Achat d'un mètre cube rendu à l'atelier.....................   36 oo
Façon des attelles, 33 centimes la paire 16 5o
Emballage et transport....................................   1 oo
                                                                     —————— 53 5o

                   Différence.................   4 oo

Un bât se compose de quatre parties : deux pièces très-cintrées *a* et *b* appe-
lées *courbes,* reliées entre elles par deux planches qui ne sont pas tout à fait planes, nommées *lobes.* L'assemblage a lieu à mi-bois, et les pièces sont en outre maintenues par de la colle forte. Les bourreliers les fortifient avec des bandes de fer.

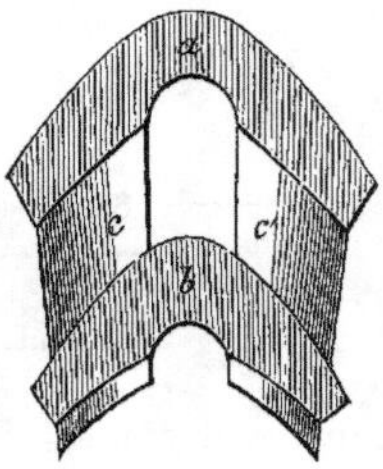

Les courbes sont découpées comme les attelles de colliers, tandis que les lobes, qui doivent supporter le poids, sont en général fendues.

Les bâts se divisent en :

Bâts à cheval normand.
Bâts à ânier normand.
Bâts à cheval commun.
Bâts à ânier commun.

Le rendement pour les bâts de dimensions moyennes est le suivant :

Un mètre cube donne 42 fûts à 2 francs l'un (à Paris)...........   84^f oo^c
Déchet marchand, ost. 5o à 1o francs le stère..................   5 oo
                                                                     —————— 89^f oo^c
       Frais divers :

Achat d'un mètre cube..   32 oo
Façon, 1 fr. 15 cent. par bât.............................   48 3o
Emballage et transport, o5 centimes par bât...................   2 1o
                                                                     —————— 82 4o

                Différence 6 6o

 On fait aussi des fûts de sellettes pour les harnais communs, parmi lesquelles on distingue :

Les sellettes normandes.

————————— communes.

————————— bâtardes.

————————— ânières.

Les fûts de sellettes se composent de quatre pièces analogues à celles des bâts et assemblées de la même manière.

Un mètre cube donne 48 fûts à 1 fr. 80 cent. la pièce (à Paris)....	86^f 40^c	
Déchet marchand, 0st,50 à 10 francs le stère..................	5 00	
		91^f 40^c
Frais divers :		
Achat d'un mètre cube rendu...............................	30 00	
Façon, 1 fr. 15 cent. par fût..............................	55 20	
Emballage et transport.....................................	2 40	
		87 60
Différence..................		3 80

 Les arçons sont de deux sortes : les arçons de sellettes, qui sont employés dans la fabrication des harnais de luxe, et les arçons de selle, dont on se sert surtout dans l'équipement de la cavalerie.

On fabrique un grand nombre de modèles de ces deux espèces d'arçons; ils sont formés des mêmes pièces dont la forme et les dimensions varient.

L'arçon de cavalerie, par exemple, se compose :

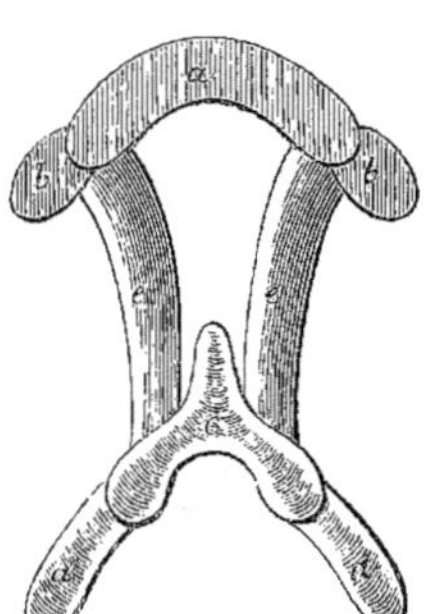

1° D'un dos formé par le pontet et les deux bouts b;

2° Du devant, comprenant également trois pièces : le devant d'arçon c et les deux pointes d;

3° Des deux panneaux e reliant le devant d'arçon au dos.

Toutes ces pièces sont réunies et assemblées les unes avec les autres comme les bâts. On comprend combien un ouvrier peut diminuer le déchet suivant sa plus ou moins grande habileté à tracer les épures sur un madrier.

On distingue les jougs ordinaires, qui servent au labourage, et les jougs à timon, employés pour atteler les bêtes de somme. Jougs à bœufs.

Un mètre cube donne 16 jougs à 4 fr. 50 cent. l'un (à Paris)...... 72ᶠ 00ᶜ
Déchet marchand, 0ˡˢ,25 à 10 francs le stère................. 2 50
———————— 74ᶠ 50ᶜ

    Frais divers :

Achat d'un mètre cube rendu.............................. 40 00
Façon à 1 fr. 75 cent. pièce............................. 28 00
Transport, 23 centimes pièce............................. 4 68
———————— 72 68

              DIFFÉRENCE 1 82

Le bénéfice est presque nul; il faut de très-beau bois et le déchet est considérable à cause de la forme des jougs.

Ces pinces servent à maintenir deux morceaux de cuir que l'on veut coudre. L'extrémité B repose à terre et A est à la hauteur des mains de l'ouvrier lorsqu'il est assis. Pinces
pour bourrellerie.

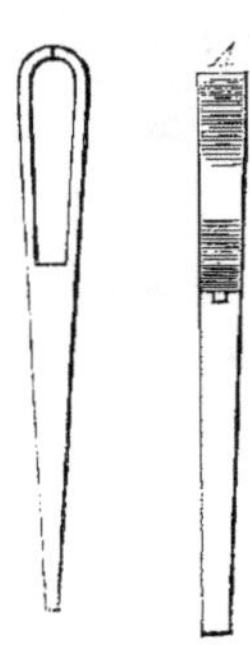

Un mètre cube donne 80 pinces à 1 fr. 50 cent.
    l'une (à Paris). 120ᶠ 00ᶜ
Déchet marchand, 0ˢᵗ,25 à 8 francs le stère...... 2 00
———————— 122ᶠ 00ᶜ

    Frais divers :

Achat d'un mètre cube rendu................ 30 00
Façon, 1 franc par pince.................. 80 00
Transport, 12 centimes pièce.............. 9 60
———————— 119 60

          DIFFÉRENCE.................. 2 40

Ces bois servent à donner aux colliers les formes voulues et à les rendre bien réguliers. Formes à collier.

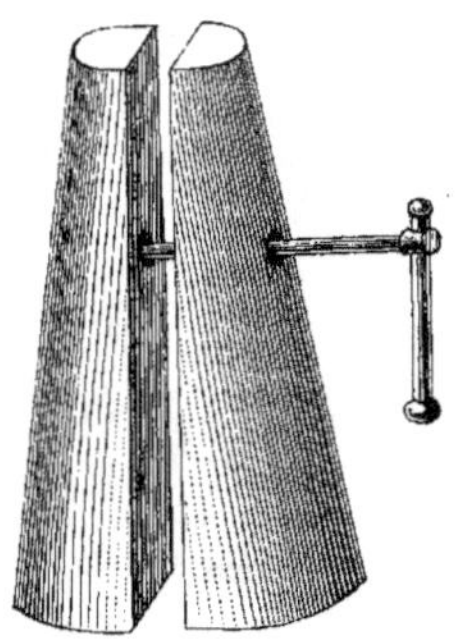

Un mètre cube donne 3 paires de formes
à 20 francs la paire............. 60^f 00^c

Déchet marchand, 0st,25 à 8 francs le
stère 2 00

                      62^f 00^c

Frais divers:

Façon, 5 francs la paire............ 15 00
Transport, 3 fr. 50 cent. la paire..... 10 50
Achat d'un mètre cube............. 36 00

                61 50

DIFFÉRENCE............... 0 50

Déchet.

Les arbres susceptibles de donner des attelles doivent avoir. 0^m,50 de diamètre.

des bâts, des sellettes.... 0 50

des jougs et arçons de selles. 0 60

des pinces............ 0 30 à 0^m,34 de diamètre.

des formes............ 0 55 de diamètre.

Le déchet est très-variable; si l'on se sert d'un seul madrier par chaque catégorie de produits, il est considérable et peut dépasser 50 p. o/o. Dans le cas contraire, il peut n'être que de 30 p. o/o.

Mode de vente.

Les attelles, les bâts, les sellettes, les arçons de selles et les pinces se vendent à la douzaine ou à la paire.

Les formes se vendent également par paire.

Consommation.

2,600 mètres cubes environ provenant des forêts soumises au régime forestier sont annuellement employés à la fabrication des bois de bourrelerie ou d'arcole. Ces produits sont façonnés dans l'Aisne, le Calvados, le Cher, l'Ille-et-Vilaine, etc.

CERCHES ET CERCLES.

On débite souvent le hêtre, soit par la fente, soit à l'aide de la scie, en feuilles très-minces qui prennent le nom de *cerches* et servent à une foule d'usage, tels que bordures de tamis, de cribles, de mesures de capacité, de tambours, etc.

Les cerches de fente, qui sont bien supérieures aux cerches de sciage, ne peuvent être obtenues que si les arbres sont d'une fente exceptionnelle. Il faut de plus que les fibres soient bien droites et très-souples à cause de la courbure qu'on est obligé de donner à ces planchettes.

Les cerches de fente se fabriquent exactement comme le merrain; elles sont seulement beaucoup plus minces; de plus, on les polit davantage avec la plane.

Pour leur donner la forme courbe qu'elles doivent avoir, on les expose au feu  pendant quelques instants; puis, si la planchette n'est pas trop épaisse, on la passe encore chaude entre les deux branches d'un chevalet analogue à celui des fendeurs et on la courbe un peu. Si l'épaisseur est plus forte, on enroule la cerche qui sort du feu sur un cylindre en bois et on obtient ainsi le même résultat que précédemment. L'ouvrier prend ensuite les cerches trois à trois et les fait entrer de force dans une autre cerche de même dimension préparée à l'avance et dont les extrémités sont attachées. On fait ainsi des bottes de 6 à 12 cerches.

Si la fabrication se fait à l'aide de la scie et non par la fente, on fait bouillir les planchettes pendant vingt minutes environ dans une chaudière, on les courbe avec le cylindre en bois dont il a été déjà question et on forme ensuite les bottes comme précédemment.

Les dimensions des cerches sont très-variables: elles ont de 0^m,50 à 3^m,33 de longueur, 0^m,20 à 0^m,06 de largeur et 0^m,003 à 0^m,13 d'épaisseur. Elles servent à faire des bordures de tamis et de cribles, des rouets pour les cordiers ou pour filer, des chasserets (*formes pour fromages ou couronnes d'immortelles*), des tambours d'enfants, des mesures de capacité, etc.

Les arbres doivent avoir 1^m,50 de circonférence à 1^m,30 du sol.   Déchet.

Le déchet est de 50 p. o/o environ en moyenne et, comme pour le merrain, varie en raison inverse de la grosseur de l'arbre, dépend de la qualité du bois et de l'épaisseur des produits fabriqués.

Les cerches sont vendues soit par bottes de 6 ou 12, soit à la douzaine, soit   Mode de vente. à la grosse et au cent assortis.

Rendement.

Prenons pour exemple du rendement en matière et en argent la fabrication des cerches à tamis de dimensions moyennes à Villers-Cotterets.

Un mètre cube donne 35 bottes de 12 feuilles à 2 francs l'une (à Paris).. 70ᶠ 00ᶜ
Déchet marchand, 0ˢᵗ,25 à raison de 8 francs le stère............. 2 00
                                                                                    72ᶠ 00ᶜ

Frais divers :

Achat d'un mètre cube, 1ᵉʳ choix (rendu)....................... 35 00
Façon à raison de 60 centimes la botte........................ 21 00
Rangement, chargement et transport à raison de 5 centimes la botte.. 1 75
                                                                                    57 75

DIFFÉRENCE..................... 14 25

Renseignements divers.

Les cerches fabriquées dans la Haute-Marne et dans les Vosges présentent ceci de particulier que les dimensions en longueur des différentes espèces varient constamment de 0ᵐ,33 de l'une à l'autre. Le tableau suivant fait connaître les dimensions des produits, le cube qui peut les fournir, enfin la composition et les prix de la grosse, qui est l'unité de vente dans la Haute-Marne.

LONGUEUR.	ÉPAISSEUR.	LARGEUR.	COMPOSITION DE LA GROSSE.	PRIX DE LA GROSSE.	CUBE DONNANT CES PRODUITS.
1ᵐ,00			24 douzaines.....		
1 ,33		0ᵐ,10	18.............	33ᶠ 00	0ᵐᶜ,300 de hêtre.
1 ,66			15.............		
2 ,00	0ᵐ,005		12.............		
2 ,33	à	0ᵐ,11	9.............	36 00	0 ,400 de hêtre.
2 ,66	0ᵐ,014	à	8.............		
3 ,00		0ᵐ,12	7.............		
3 ,33			6.............	56 00	0 ,450 de hêtre.

Dans le Jura, on fabrique des cerches pour cuveaux; on se borne à fendre en quatre des perches de 0ᵐ,15 à 0ᵐ,40 de circonférence.

Consommation.

La fabrication des cerches consomme annuellement 3,500 mètres cubes environ. On fait surtout ces produits dans les départements suivants: les Vosges, les Basses-Pyrénées, l'Aisne, le Nord, la Haute-Marne, la Savoie, les Basses-Alpes, etc.

PELLES A GRAINS ET AUTRES.

L'arbre, étant découpé en tronces de la longueur de la pelle, y compris le manche, est divisé soit par la fente, soit à l'aide d'une scie, en madriers ayant environ o^{m},10 et d'une largeur un peu plus grande que celle de la pelle.

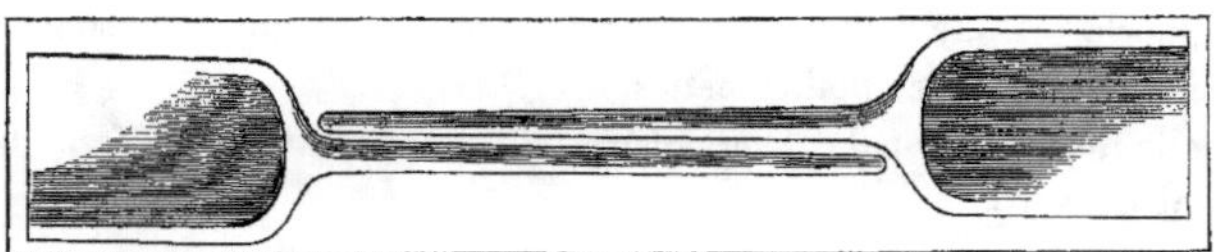

Sur l'un de ces madriers on trace le contour des deux pelles, les parties larges se trouvant aux extrémités et les manches au milieu. Avec la hache ou la scie on découpe suivant le dessin.

On dégrossit alors la pelle avec une petite hache et on termine généralement le creusage avec l'herminette, instrument formé par une lame étroite, recourbée et très-tranchante; enfin on polit la partie creuse avec un racloir. Le manche est terminé et arrondi avec une plane.

Le creusage s'effectue quelquefois mécaniquement avec un appareil analogue à celui qui est employé dans les usines pour la fabrication des sabots.

Dans les Vosges, la Meurthe, etc., on fait parfois séparément et la partie creuse et le manche, qui sont alors réunis par une bride métallique fixée par des vis; mais ces pelles sont beaucoup moins solides que les premières.

Les pelles en bois servent à remuer les grains, le sel; elles sont aussi employées par les brasseurs et les tuiliers. Les boulangers se servent de pelles plates dont le manche est en général rapporté.

Les battoirs à lessive et les cuillers en bois se fabriquent comme les pelles.

Les arbres doivent avoir au moins 1^{m},60 de tour au petit bout. Le déchet est considérable, à cause surtout des manches, et peut être évalué à 50 p. o/o environ; mais une grande partie de ce déchet pourrait être utilisé.

Déchet.

10.

Les pelles se vendent au cent ou à la douzaine. Il y a ceci de particulier, c'est que la douzaine ne comprend pas douze pelles, mais un nombre de pelles qui varie en raison inverse des dimensions. Dans les Deux-Sèvres, par exemple, on fait des pelles de six, de dix, de treize, de vingt à la douzaine. La douzaine de six comprend les grandes pelles et la douzaine de vingt les plus petites.

Puisqu'il entre dans la douzaine plus ou moins de pelles suivant leurs dimensions, il est évident :

1° Qu'un mètre cube en grume produit la même quantité de douzaines;

2° Que le prix de vente et les frais de façon de la douzaine sont les mêmes pour les grandes et les petites pelles.

Dans le département des Deux-Sèvres, le rendement et les frais de fabrication sont les suivants :

1 mètre cube donne trois douzaines de pelles vendues en forêt 16 francs l'une, donc on a :

Vente des pelles données par un mètre cube............	48ᶠ 00ᶜ	
Déchet marchand..............................	4 00	
		52ᶠ 00ᶜ
Achat d'un mètre cube..........................	25 00	
Façon à raison de 7 francs la douzaine..............	21 00	
		46 00
DIFFÉRENCE..............		6 00

3,600 mètres cubes environ sont annuellement ainsi débités. On fabrique ces produits dans les Vosges, le Calvados, l'Orne, les Deux-Sèvres, la Sarthe, la Meurthe, le Nord, etc.

BOIS DE BROSSES.

On fait avec le hêtre des bois de brosses. L'arbre est débité en planches dont l'épaisseur varie de 0ᵐ,015 à 0ᵐ,021 et dans lesquelles on découpe soit avec une scie à main, soit avec une scie à ruban, les bois de brosses. On façonne chacun d'eux et on le perce; il est alors ou expédié dans cet état ou bien garni avec du chiendent, de la soie ou du crin. Cette fabrication exige des bois d'assez bonne qualité.

Un ouvrier peut garnir de 15 à 20 bois par jour; le prix de façon varie naturellement avec le nombre de trous : il est de 40 centimes à 1 fr. 35 cent. la douzaine.

Un ouvrier peut percer entre 400 et 700 bois par jour; le perçage est payé de 1 fr. 50 cent. à 2 francs le cent.

La douzaine de bois se vend à Paris de 8 à 20 francs. Le rendement dans un mètre cube varie entre 3,000 et 10,000 bois de brosses.

Il existe plus de 300 espèces de bois de brosses, comprenant plus de 1,200 échantillons [1].

Le déchet est d'environ 30 p. o/o.

La fabrication des bois de brosses a une importance exceptionnelle dans le département de la Meuse, où 2,198 mètres cubes sont annuellement débités de cette manière. A Montmédy, par exemple, les bois de brosses de dimensions moyennes provenant de 1 mètre cube en grume se vendent... 220^f 00^c

Les frais sont :

Achat d'un mètre cube rendu......................	35^f 00^c
Sciage...	25 00
Fabrication (façon et perçage)....................	120 00
	———— 180 00
DIFFÉRENCE...................	40 00

Les frais de fabrication sont très-variables; le chiffre de 120 francs étant presque un minimum, par conséquent cette différence de 40 francs représente à peu près le maximum.

Cette industrie emploie par an en France plus de 7,000 mètres cubes, et ces produits sont fabriqués dans les départements suivants : l'Oise (2,000 mètres cubes), la Meuse (2,198 mètres cubes), les Vosges, l'Eure, l'Aisne, les Ardennes, le Doubs, la Haute-Savoie, etc.

Consommation.

BOÎTES.

Autrefois on fabriquait les boîtes par la fente, mais aujourd'hui les planches qui les forment sont obtenues en sciant les madriers.

La fabrication des boîtes pour emballage a une importance particulière dans

---

[1] Voir cette nomenclature, page 100.

les environs de Paris ; 7,000 mètres cubes dans la forêt de Compiègne, par exemple, sont ainsi débités tous les ans.

Les arbres sont transportés en grume aux usines, débités en planches de 2 à 3 mètres de longueur et de $0^m,001$ à $0^m,007$ d'épaisseur. Ces planches sont ou laissées telles que le sciage les a données ou rabotées d'un ou des deux côtés, soit à la main, soit avec une raboteuse mécanique. On les découpe alors à différentes longueurs, et en clouant les planchettes ainsi obtenues on forme les boîtes ; les charnières et les crochets de fermeture sont en fil de fer. Ces boîtes, dont les dimensions varient à l'infini, servent au transport des mille produits de l'industrie et du commerce, et sont employées par les layetiers emballeurs, les bijoutiers, les confiseurs, les chocolatiers, les parfumeurs, les batteurs d'or, etc.

Les boîtes portent des noms différents suivant l'industrie qui les emploie. Les boîtes de 1 à 25 livres servent aux confiseurs, les catholicains aux chocolatiers, les écritats aux parfumeurs, les carcans aux emballeurs, les chaperons aux bijoutiers, etc.

On fait aussi des boîtes qui servent au transport des feuilles de zinc, des clous, des bougies.

Avec les déchets on fabrique des étiquettes pour jardiniers.

Déchet.

Les bois doivent être de qualité moyenne et présenter une circonférence supérieure à $0^m,90$; les gros arbres sont naturellement plus recherchés.

Le rendement en mètres superficiels de sciage et le déchet sont résumés dans le tableau suivant :

ÉPAISSEUR DU SCIAGE.	VOLUME RÉEL FABRIQUÉ.	NOMBRE DE MÈTRES SUPERFICIELS.	DÉCHET P. 0/0.
$0^m,003$	$0^{mc},50$	$170^m,00$	0,50
0 ,004	0 ,54	120 ,00	0,46
0 ,005	0 ,56	110 ,00	0,44
0 ,006	0 ,58	96 ,00	0,42
0 ,007	0 ,60	80 ,00	0,40

Le déchet varie donc de 0,40 à 0,50 p. 0/0.

Les boîtes se vendent à la douzaine ou à la pièce.

Pour obtenir le rendement, nous prendrons comme un type commun la boîte catholicain de o^m,oo6 d'épaisseur et ayant pour les trois dimensions o^m,41, o^m,27 et o^m,14.

Dans un mètre cube en grume, on peut obtenir 102 mètres superficiels de sciages de o^m,oo6 avec lesquels on devrait fabriquer 250 catholicains, mais à cause des rebuts de 1/6 environ pour nœuds, etc., on n'en fait guère que 210.

Mode de vente.
Rendement.
Prix divers.

Ces 210 boîtes sont vendues 50 centimes pièce, soit.............		105ᶠ oo^c
1 mètre cube de hêtre rendu a coûté...............	32ᶠ oo^c	
Sciage, 96 mètres sciés à 25 centimes le mètre.........	24 oo	
Montage des boîtes, clous, etc......................	21 oo	
Transport et entrée à Paris........................	19 oo	
		96 oo
Reste..............		9 oo

Auxquels il convient d'ajouter 16 mètres superficiels environ de sciage inférieur rebuté, mais qui peut être utilisé à la fabrication de 3,000 étiquettes de o^m,12 sur o^m,o4, vendues 70 franc net, ci.......................... 10ᶠ oo^c

Plus o^m,42 de déchet marchand (dosses, etc.)........ 4 oo

	14 oo
Soit une différence de..........	23 oo

environ par mètre cube.

On fabrique des boîtes dans l'Oise, l'Aisne, la Haute-Saône, l'Aveyron, Meurthe-et-Moselle, etc. Cette industrie emploie tous les ans 10,000 mètres cubes environ.

GALOCHES.

La fabrication des semelles en bois ou galoches n'a lieu que dans des usines.

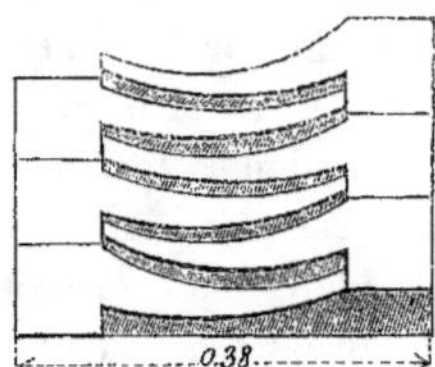

Les arbres sont débités en plateaux de o^m,o8 à o^m,11 d'épaisseur et ayant o^m,18 à o^m,38 de largeur. Cette dernière dimension est la longueur de la galoche que l'on dessine à l'aide d'un modèle, en ayant soin, pour diminuer le déchet, de les disposer comme l'indique la figure ci-contre.

La semelle a de o^m,o3 à o^m,o4 d'épaisseur. On découpe alors avec une scie suivant le dessin. La galoche est ensuite terminée soit à la main, soit mécaniquement. On fait ainsi des galoches pour hommes, femmes et enfants, des bois de socques, etc.

Les galoches se vendent en général au cent de paires assorties ou à la grosse comprenant 144 paires de diverses grandeurs.

Il faut pour ce débit des arbres de $0^m,70$ de circonférence et un bois ne présentant ni nœuds ni défauts. Le déchet est de 35 à 40 p. o/o.

Un mètre cube en grume donne en moyenne 200 paires de galoches se composant de :

> 68 paires de semelles pour hommes.
> 66 ————————— pour femmes.
> 66 ————————— pour enfants.

Le rendement peut s'établir comme il suit :

La grosse de 144 paires assorties se vend 72 francs.

1 mètre cube donne 200 galoches vendues.............	100^f 00^c
Déchet marchand.................................	4 00
	104^f 00^c
Frais divers :	
Achat de 1 mètre cube rendu à l'usine...............	28 00
Façon 23 centimes par paire, soit pour 200 paires......	46 00
	74 00
DIFFÉRENCE................	30 00

La fabrication des galoches et autres semelles en bois emploie environ par an 2,300 mètres cubes provenant des forêts soumises au régime forestier. Ces produits sont surtout façonnés dans la Côte-d'Or (850 mètres cubes), l'Orne (69 mètres cubes), l'Oise, la Sarthe, les Vosges, les Basses-Pyrénées, etc.

BOIS DE SOUFFLETS.

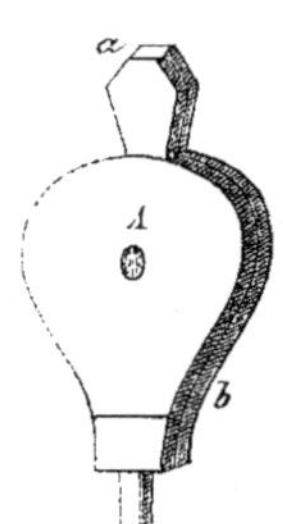

Les bois de soufflets se fabriquent comme les bois de bourrellerie. Autrefois on les obtenait seulement par la fente, mais actuellement ils sont presque partout fabriqués mécaniquement dans des usines. Sur un madrier dont l'épaisseur varie avec la nature des produits, on trace l'une des parois A du soufflet et on découpe suivant le dessin. Comme on fait des soufflets de plusieurs formes et de diverses grandeurs, l'ouvrier cherche à tracer ses modèles sur le madrier de manière à diminuer le déchet autant que possible. La découpe effectuée, on sépare le soufflet en deux par un trait de scie *ab*, et les parois supérieures et inférieures sont rabotées et terminées.

Il faut des bois résistants et de bonne qualité; les arbres doivent avoir 0^m,70 de circonférence.

Le déchet est de 25 p. 0/0 environ.

Un mètre cube peut donner environ 500 bois de soufflets, qui sont vendus à la douzaine ou au cent.

Près de 1,100 mètres cubes sont ainsi transformés. On fabrique ces produits dans l'Oise, l'Aisne, le Calvados, les Basses-Pyrénées, l'Ille-et-Vilaine, le Tarn, la Haute-Savoie, etc.

COULISSES DE LITS, PORTEMANTEAUX, ETC.

Avec le hêtre on fait des coulisses de lits, des porte manteaux, des crachoirs,

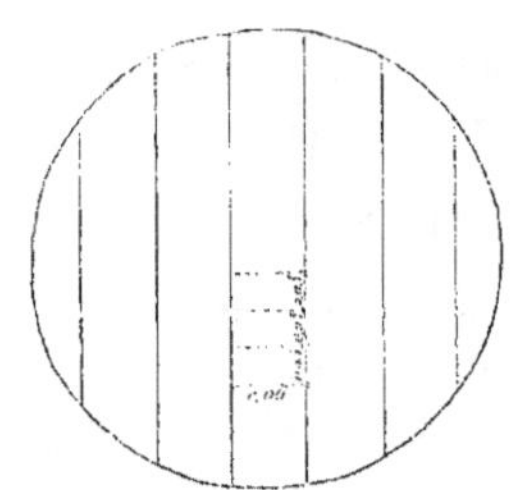

des supports pour tablettes, etc. Ces produits se font en général dans une même usine : on peut ainsi utiliser les déchets, les fausses découpes et diminuer par conséquent le prix de revient de chacun de ces produits.

Une coulisse de lit se compose de deux parties de longueur différente, l'une ayant 1^m,33, l'autre 0^m,60, réunies par une charnière. On débite l'arbre en planches ayant ces dimensions et 0^m,06 d'épaisseur. Ces planches sont alors découpées, dans le sens de la longueur, en prismes de 0^m,03 de hauteur. Dans chacun de ces prismes, à l'aide d'une machine, on

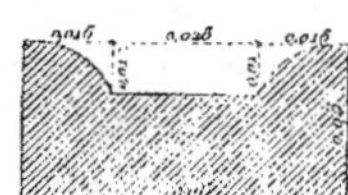

creuse une rainure de 0^m,01 de profondeur sur 0^m,028 de largeur. Le creusage effectué, les deux parties de la coulisse sont chantournées, puis assemblées.

Les coulisses de lits sont vendues à Paris à raison de 12 francs les douze paires. Un mètre cube en grume peut donner 285 coulisses de 1^m,33 ou 95 paires de coulisses complètes.

Le déchet est d'environ 30 à 35 p. 0/0.

Les porte manteaux se font exactement comme les semelles de galoches.

Le débit des supports pour planchettes ne nécessite aucune explication.

Ces industries diverses emploient environ 1,000 mètres cubes. Ces produits sont fabriqués dans l'Oise, la Côte-d'Or, etc.

MOULINS A CAFÉ, BOÎTES A SEL, BOÎTES A MUSIQUE, ETC.

On débite le hètre en planches minces qui servent à faire des boîtes à musique, des moulins à café, des boîtes à sel, etc.; un mètre cube peut donner trente douzaines de boîtes à sel. Le déchet n'est que de 10 p. o/o. Cette fabrication a lieu dans le Doubs, la Meuse, la Sarthe, etc., et emploie 1,100 mètres cubes environ.

LATTES ET ÉCHALAS.

On fait en hètre des lattes ou des échalas qui servent, soit pour les planchers, soit pour les vignes ou les espaliers, soit pour des clôtures de chemins de fer. Les lattes ont en général $0^m,01$ sur $0^m,03$ et $1^m,20$ de longueur; elles sont le plus souvent obtenues par le sciage mécanique.

On emploie ainsi dans les Vosges, l'Oise, l'Isère et les Basses-Pyrénées 600 mètres cubes environ.

Les lattes sont en outre souvent prises dans des déchets provenant des sciages marchands ou autres.

BOIS DE SCIES, JOUETS D'ENFANTS, BOIS DE MALLES, ETC.

Dans le département de l'Oise, les arbres de qualité inférieure sont employés à faire des bois de scies, des jouets d'enfants ou des bois de malles.

Un bois de scie se compose de trois parties : le long bras, le court bras et le sommier. La douzaine de 36 pièces se vend 2 fr. 70 cent. rendue en gare d'expédition; 250 mètres cubes sont ainsi annuellement employés.

Le hètre débité en prismes rectangulaires de $0^m,012$ à $0^m,014$ donne des cerceaux d'enfants que l'on vend depuis 1 fr. 25 cent. jusqu'à 3 fr. 50 cent. la douzaine. On fait aussi des petites voitures, des roues, des brouettes, etc. Cette fabrication des jouets d'enfants consomme environ 200 mètres cubes.

300 mètres cubes sont débités en planches de $0^m,006$ d'épaisseur, $0^m,06$ à $0^m,15$ de largeur et ayant de $0^m,80$ à $1^m,10$ de longueur. Ces planches servent à former le couvercle des malles, sur lequel on colle de la peau de sanglier ou du cuir, et se vendent 60 centimes le mètre superficiel. On peut ainsi utiliser des bois de qualité inférieure.

EMBAUCHOIRS ET FORMES DE CHAUSSURES.

300 mètres cubes sont ainsi employés dans l'Aisne, Seine-et-Marne et le Loiret.

BOIS DE VERRERIES.

5o2 mètres cubes de hêtre donnent des bois de verreries dans le département du Nord. Les arbres sont débités en madriers dans lesquels on creuse des cavités demi-sphériques. L'ouvrier, après avoir soufflé une bulle de verre, l'introduit dans une de ces cavités et lui donne alors une épaisseur régulière.

GODETS PERCÉS.

g5 mètres cubes, dans le département de la Sarthe, servent à faire des godets percés. Ces godets se composent d'une sébile en bois munie d'un manche dans lequel est creusé un conduit. En inclinant le réservoir, l'eau s'écoule doucement et on a ainsi une sorte de fontaine portative.

Enfin, on fait encore avec le hêtre des garnitures de boîtes à graisse pour les wagons ou les machines, des éventails communs, des règles ordinaires pour les écoliers; dans la Haute-Marne, des râteaux à faner; dans les Basses-Pyrénées, des avirons; dans l'Oise et l'Aisne, des barres de vannerie; enfin, il existe un certain nombre d'applications purement locales. Tous ces débits particuliers consomment environ 3,78o mètres cubes.

RÉSUMÉ.

En résumé, la fabrication

Des bois d'arcole ou de bourrelerie emploie	2,6oo m. cub.
Des cerches	3,5oo
Des pelles, battoirs, etc.	3,6oc
Des bois de brosses	7,000
Des boîtes	10,000
Des galoches	2,3oo
Des soufflets	1,1oo
Des coulisses de lits, etc.	1,000
Des objets divers (moulins à café, boîtes à musique, etc.)	7,t26
Total	38,226

Les industries si diverses et si nombreuses qui viennent d'être étudiées emploient donc annuellement 38,226 mètres cubes, soit 3 p. o/o de la production en hêtre des forêts soumises au régime forestier; cette quotité de matière ligneuse est débitée dans un grand nombre de départements.

Le bois de hêtre reçoit donc en France les applications les plus nombreuses et les plus variées. Il se travaille avec une grande facilité et donne des produits manufacturés de toutes sortes. Or, pendant que nos exportations s'élèvent : en sabots, à 230,000 francs ; en boissellerie, à 266,000 francs ; en manches d'outils, à 200,000 francs ; enfin en meubles et objets divers en bois, à 30 millions, les importations atteignent à peine : pour les sabots, 30,000 francs ; la boissellerie, 15,000 francs ; les manches d'outils, 50,000 francs ; les meubles et objets divers en bois, 5 millions.

Comme une grande quantité de ces marchandises est en hêtre, on voit que l'exportation des divers produits étudiés dans cette notice est très-supérieure à leur importation. Dans certaines régions, le hêtre est encore presque exclusivement transformé en bois de feu ; mais l'augmentation des voies de communication et la création de nouvelles usines feront bientôt cesser cet état de choses, puisque les débouchés existent et que l'étranger recherche beaucoup ces produits.

Nos ressources en hêtre sont considérables, et nous possédons là une matière première très-précieuse pour un grand pays comme la France, qui sait, mieux que tout autre, transformer le produit brut en objets manufacturés d'une valeur incontestablement supérieure.

L. Croizette-Desnoyers.

§ 10. — NOTES.

1° DÉBITS DES TRAVERSES.

SECTION DES TRAVERSES EN BOIS DE HÊTRE PRÉPARÉ ET DÉBIT DES BOIS.

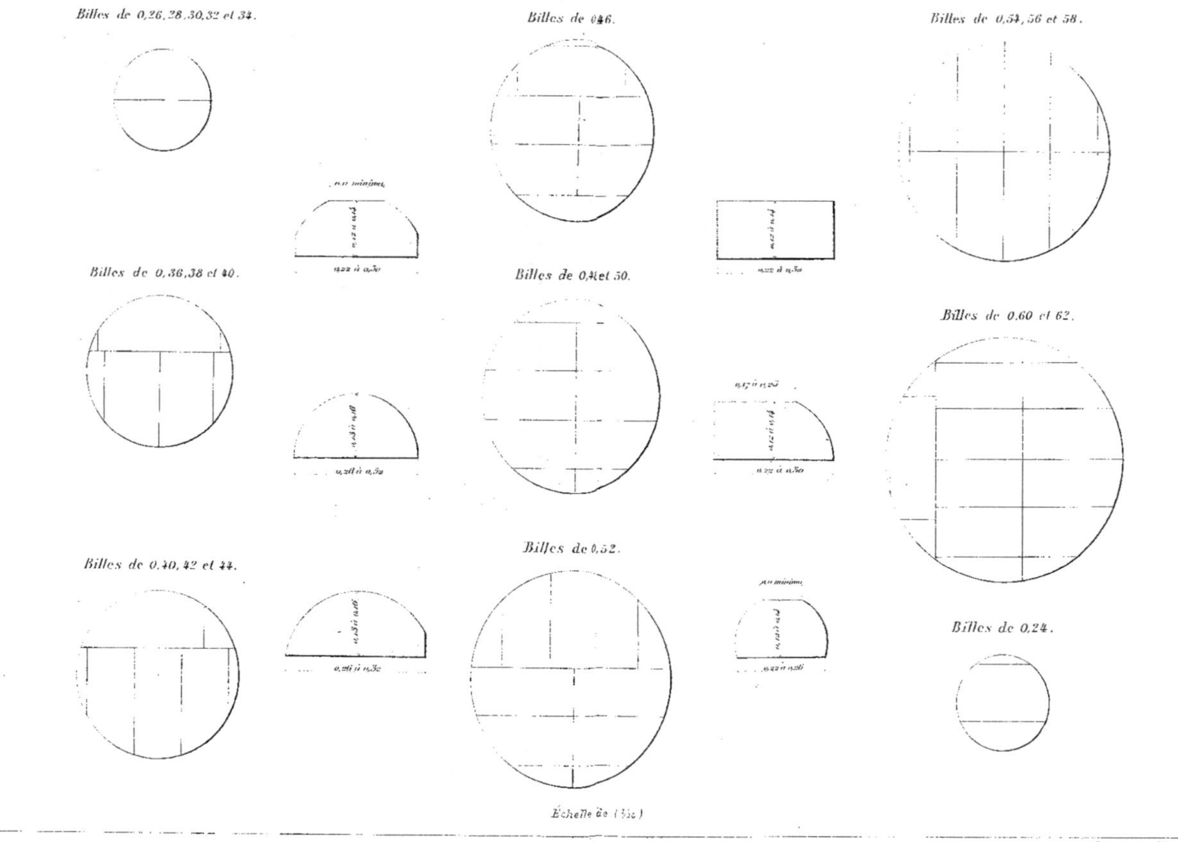

SECTION DES TRAVERSES DE JOINT EN BOIS DE HÊTRE PRÉPARÉ.

Traverse A.

Traverse B.

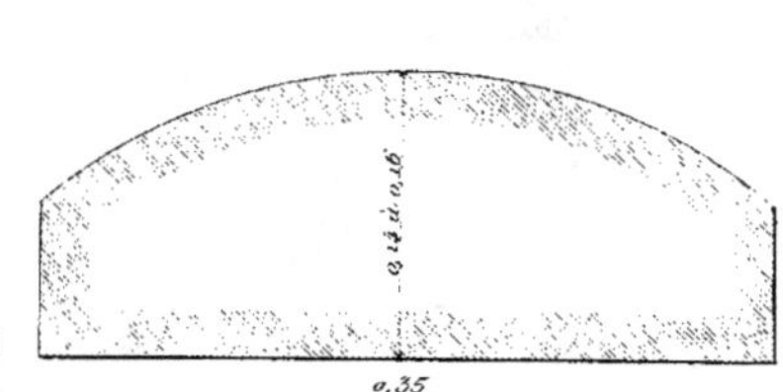

Traverse C.

Traverse D.

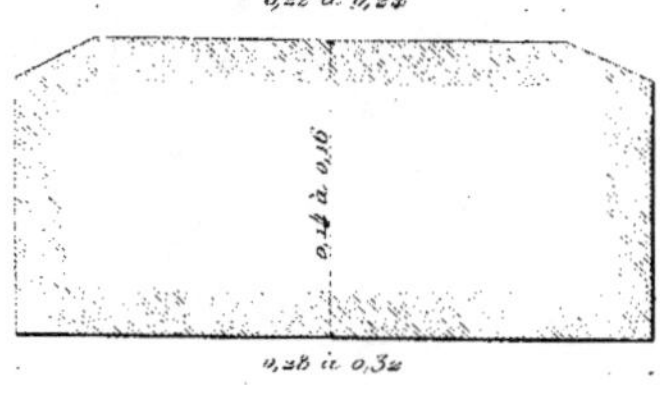

Traverse E.

Échelle de (1/5)

DÉBIT DES BOIS

de 0^m32 de diamètre.

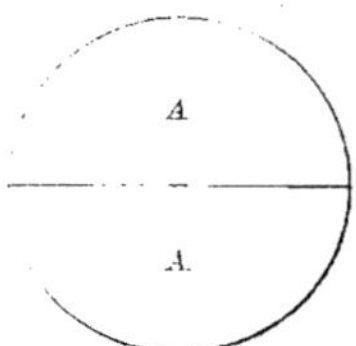

de 0^m29 de diamètre.

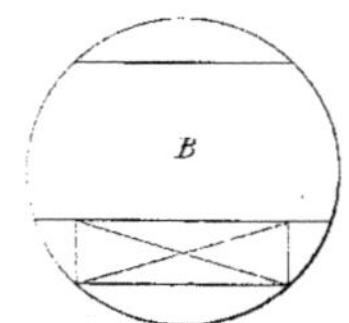

de 0^m50 de diamètre.

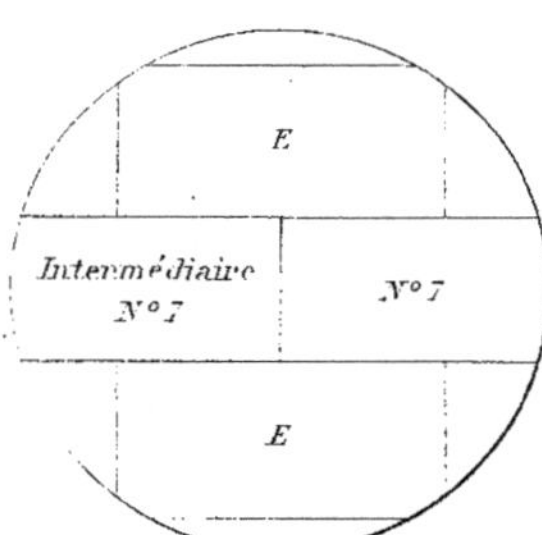

de 0^m45 de diamètre.

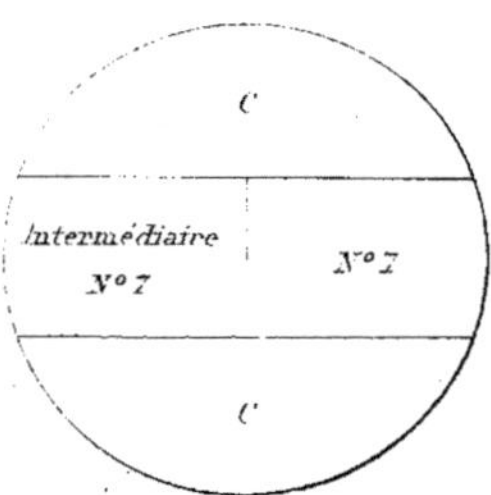

de 0^m58 de diamètre.

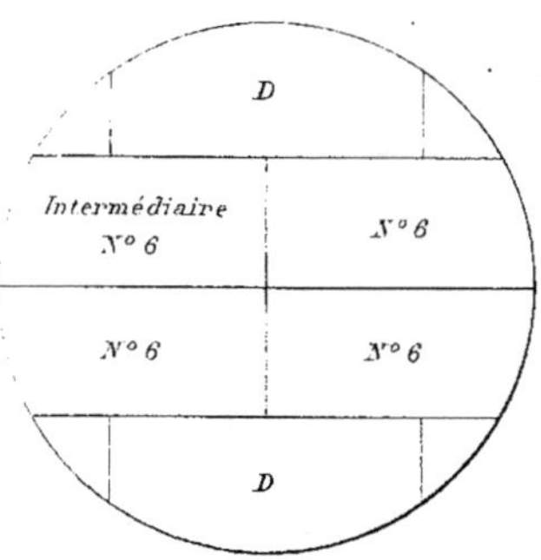

Échelle de 1/10.

SECTION DES TRAVERSES EN BOIS DE HÊTRE PRÉPARÉ.

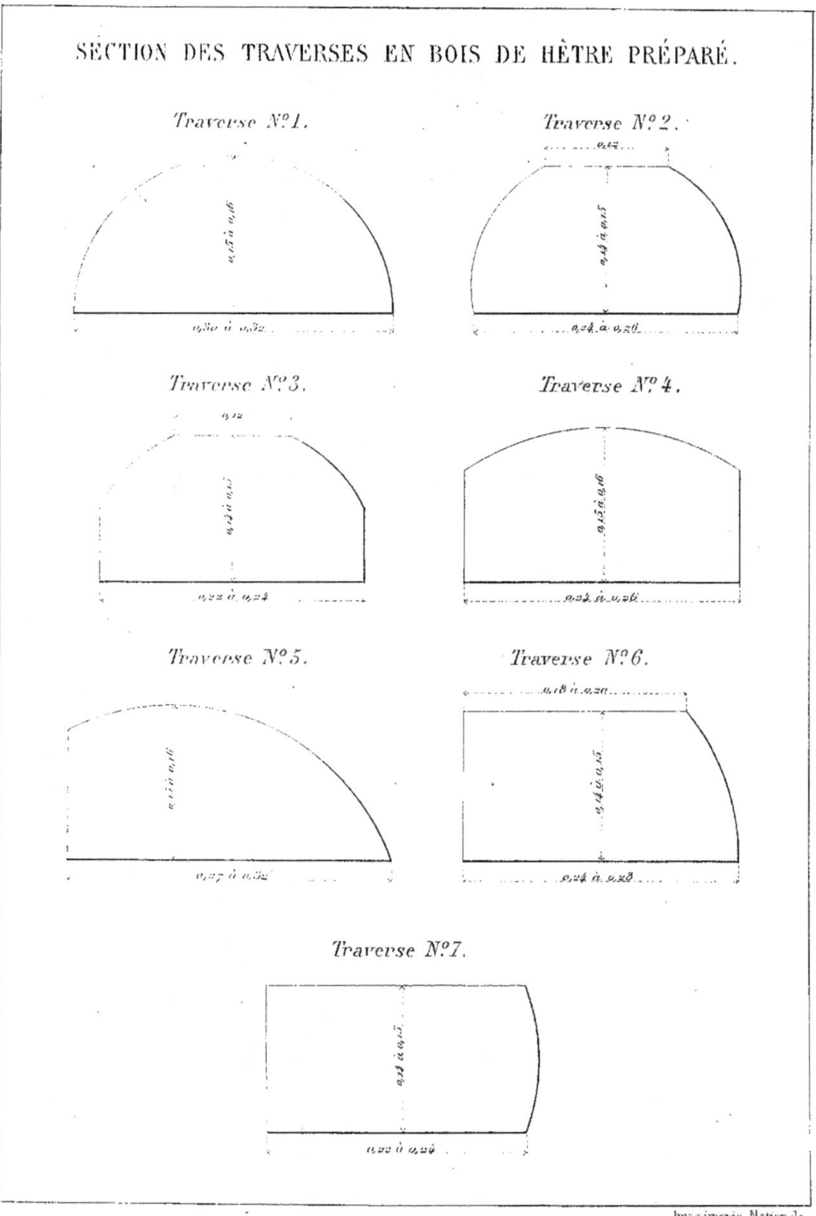

DÉBIT DES BOIS

de 0ᵐ30 de diamètre.

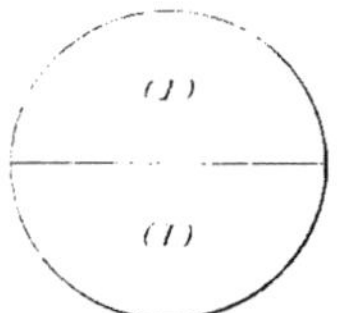

de 0ᵐ25 de diamètre.

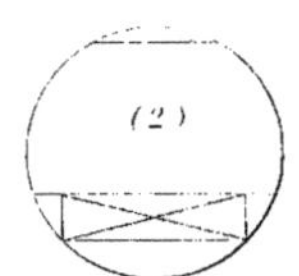

de 0ᵐ27 de diamètre.

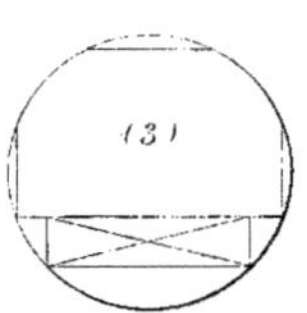

de 0ᵐ40 de diamètre.

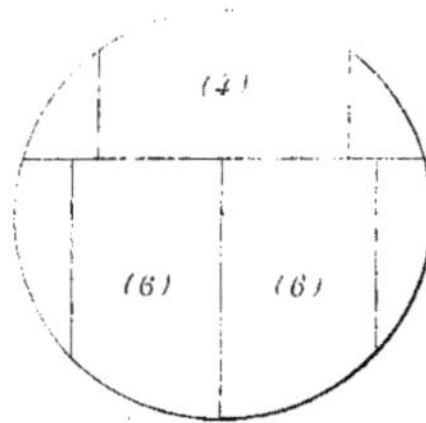

de 0ᵐ50 de diamètre.

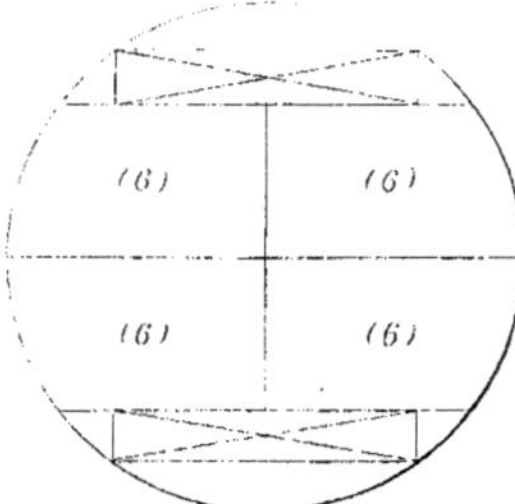

de 0ᵐ45 de diamètre.

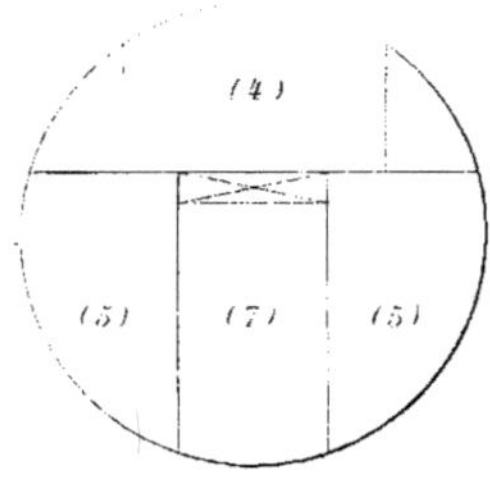

SECTION DES TRAVERSES EN BOIS DE HÊTRE PRÉPARÉ.

Traverse N.º 1.

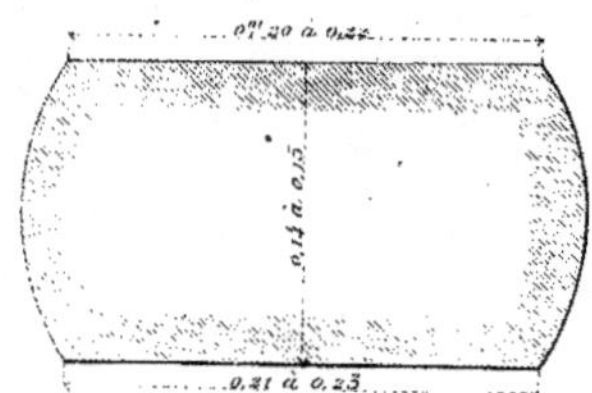

Traverse N.º 2.

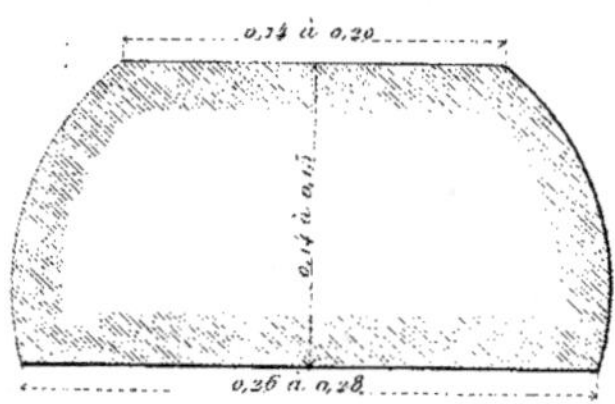

Traverse N.º 3.

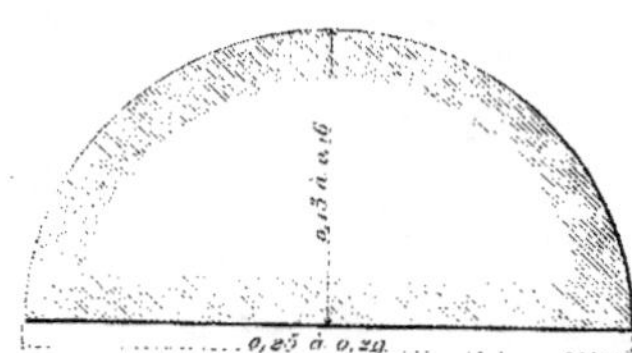

Traverse N.º 4.

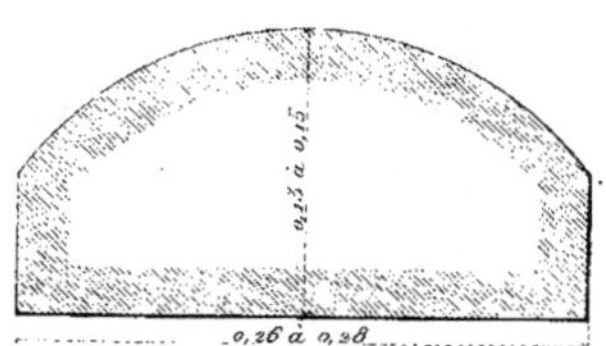

Traverse N.º 5.

Traverse N.º 6.

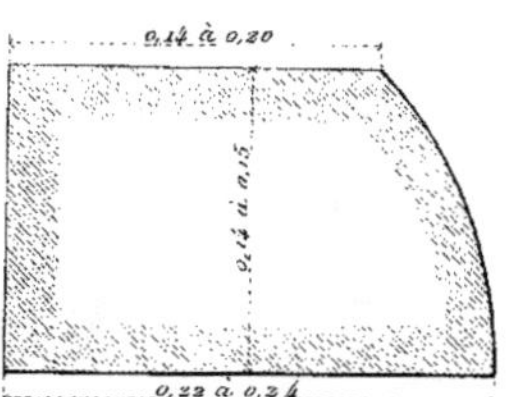

Traverse N.º 7.

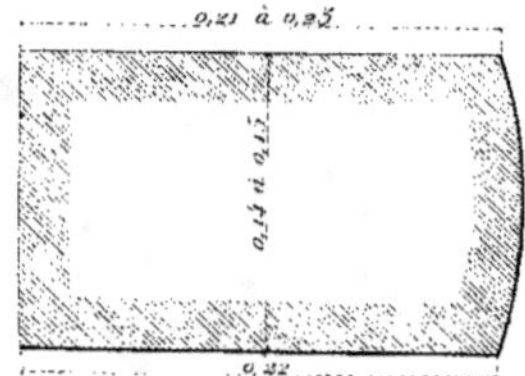

Traverse N.º 8.

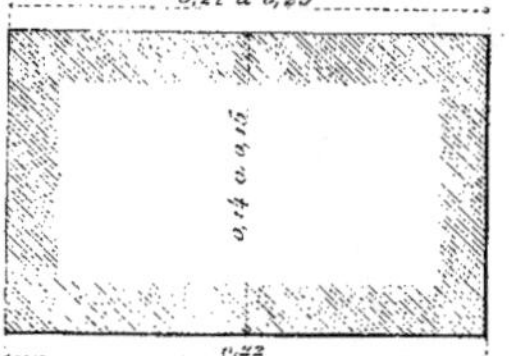

Echelle de (2/5).

DÉBIT DES BOIS

de 0ᵐ 24 de diamètre.

de 0ᵐ 24, 0ᵐ 26 et 0ᵐ 27 de diamètre.

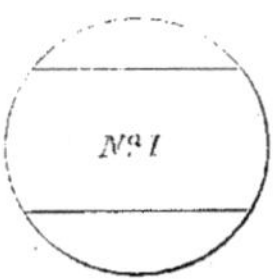

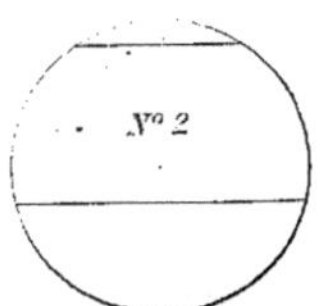

de 0ᵐ 27, 0ᵐ 28 à 0ᵐ 30 de diamètre.

de 0ᵐ 30 à 0ᵐ 35 de diamètre.

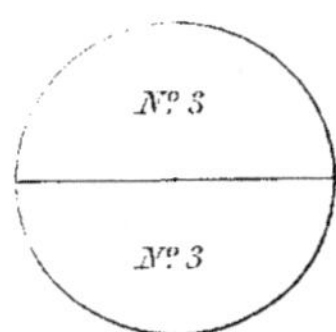

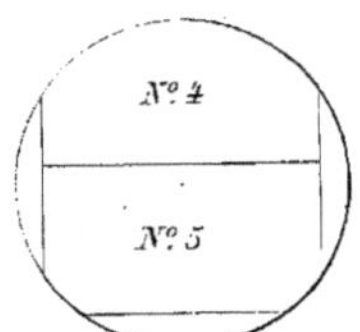

de 0ᵐ 36 à 0ᵐ 41 de diamètre.

de 0ᵐ 42 à 0ᵐ 45 de diamètre.

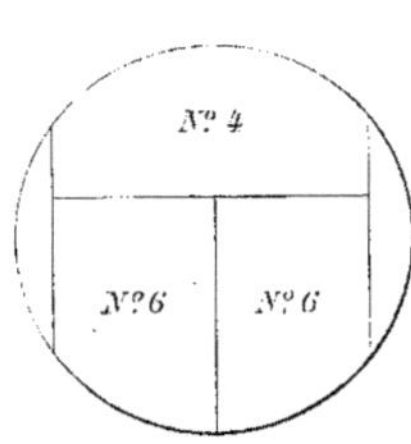

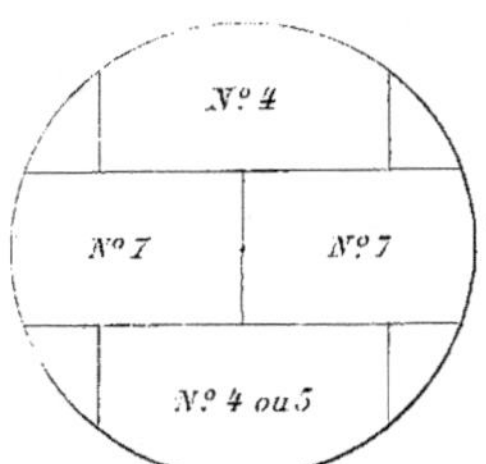

de 0ᵐ 46 à 0ᵐ 60 de diamètre.

de 0ᵐ 50 à 0ᵐ 55 de diamètre.

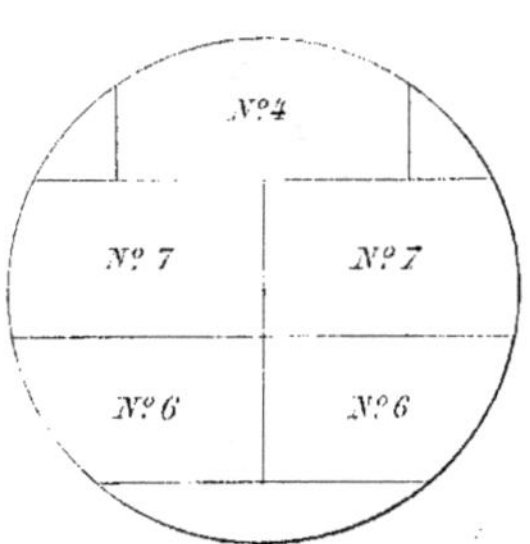

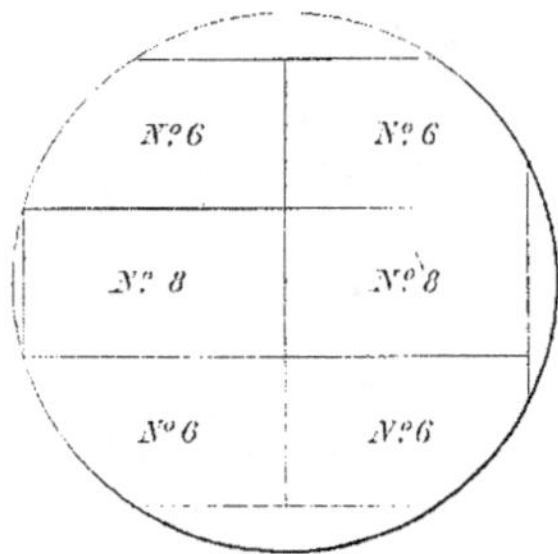

Échelle de (1/10)

2ᵉ INSTRUMENTS DU SABOTIER.

N° 1. Grande hache pour fendre le bois en quartiers à l'aide du maillet.

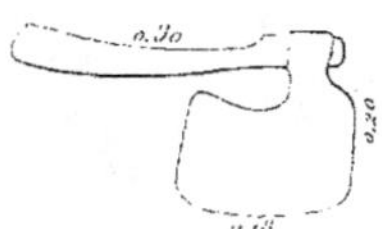

N° 2. Petite hache pour équarrir le bois destiné à
former un sabot.

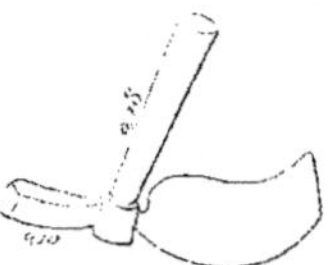

N° 3. Hoyau.

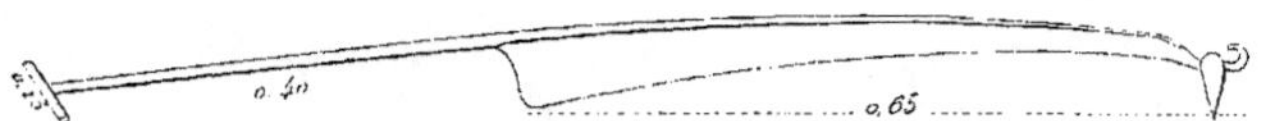

N° 4. Plane (avec son piton) pour donner au sabot sa forme extérieure.

N° 5. Canif pour déborder.

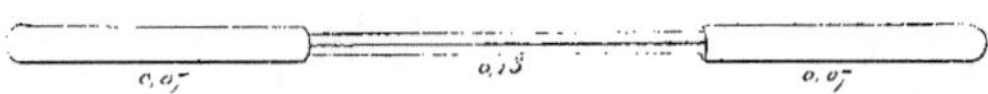

N° 6. Burin à gratter ou polir.

Les instruments sous les nᵒˢ 3, 4, 5 et 6 sont ceux des planeurs: les suivants appartiennent aux évideurs.

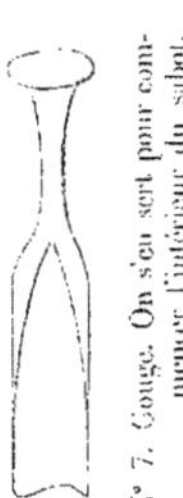

Nº 7. Gouge. On s'en sert pour commencer l'intérieur du sabot.

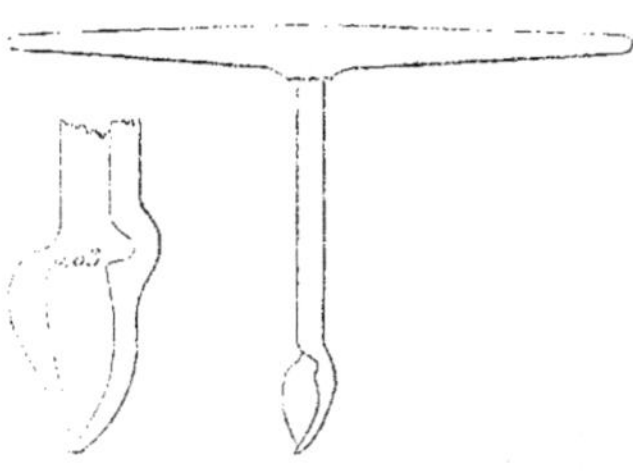

Nº 8. Thérelle (2 grandeurs). Elle sert à évider le
sabot au-dessus du talon.

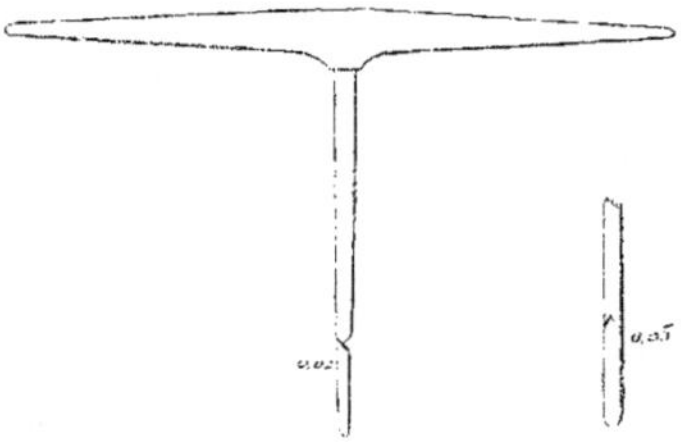

Nº 9. Cuiller (8 grandeurs). On évide intérieurement
avec les cuillers l'extrémité du sabot.

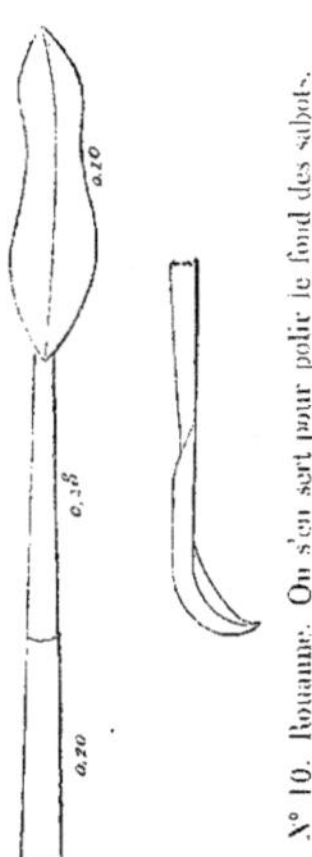

Nº 10. Rouanne. On s'en sert pour polir le fond des sabots.

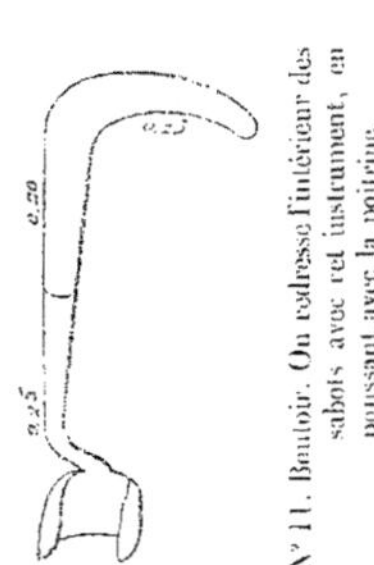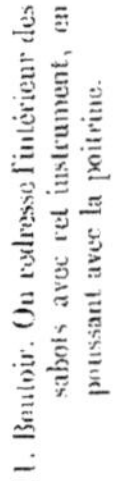

Nº 11. Boutoir. On redresse l'intérieur des
sabots avec cet instrument, en
poussant avec la poitrine.

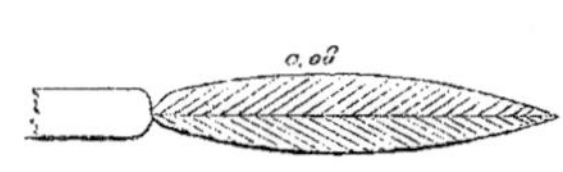

Nº 12. Burin. Il tient lieu de verre pour polir
les sabots extérieurement.

Nº 13. Vrille. On perce chaque sabot latéralement d'un trou dans lequel on passe
une ficelle réunissant les sabots par paire.

3° INSTRUMENTS SERVANT A LA FABRICATION DES SÉBILES.

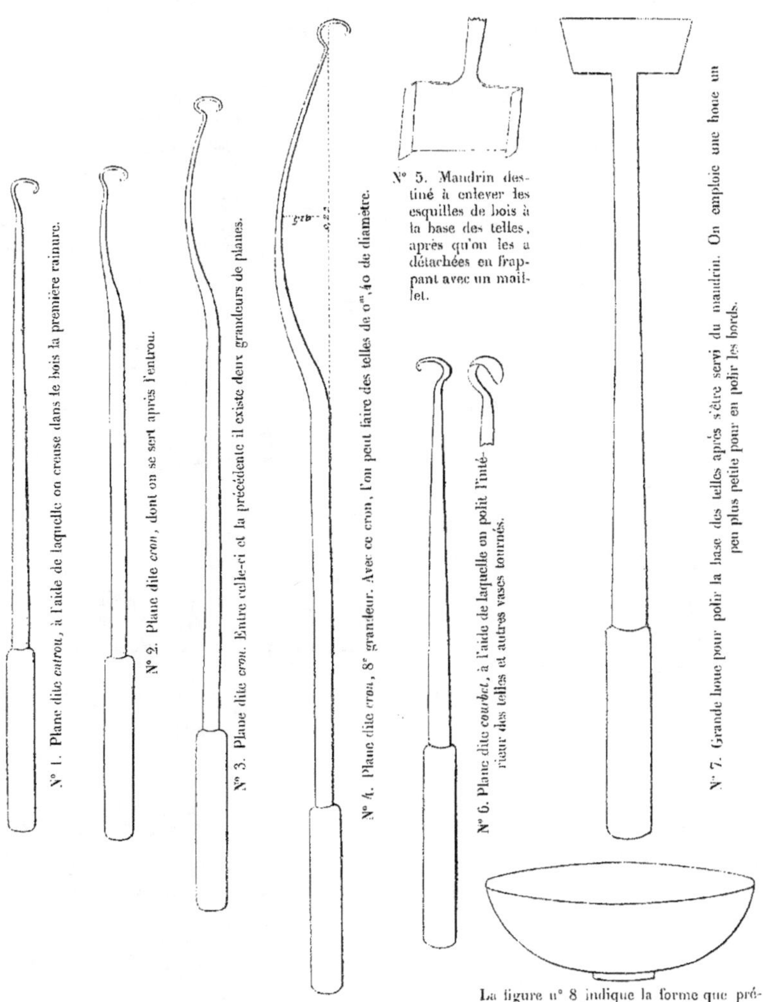

4° FABRICATION DU MERRAIN, OUTILS, CHEVALETS, ETC.

N° 1. Scie dite *passe-partout*, pour diviser les troncs de bois en billes. Longueur, 1ᵐ,60 ou 1ᵐ,80. Écartement des dents, 0ᵐ,03.

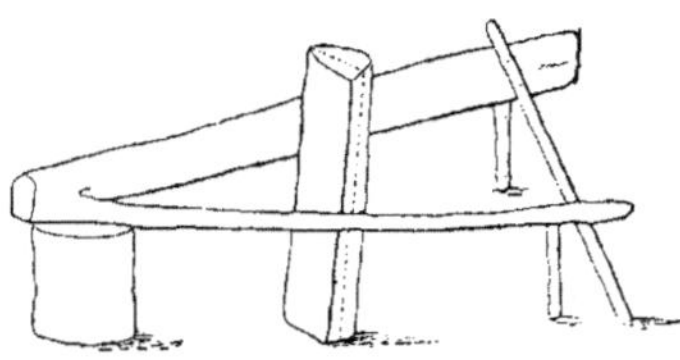

N° 2. Chevalet pour le fendeur.

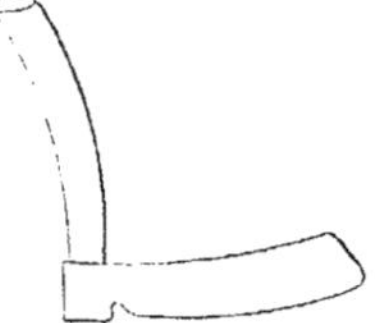

N° 3. Coutre.

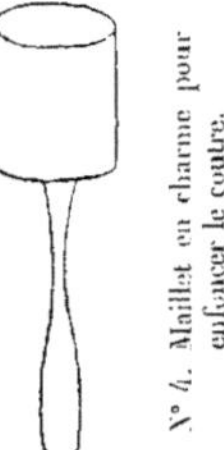

N° 4. Maillet en charme pour enfoncer le coutre.

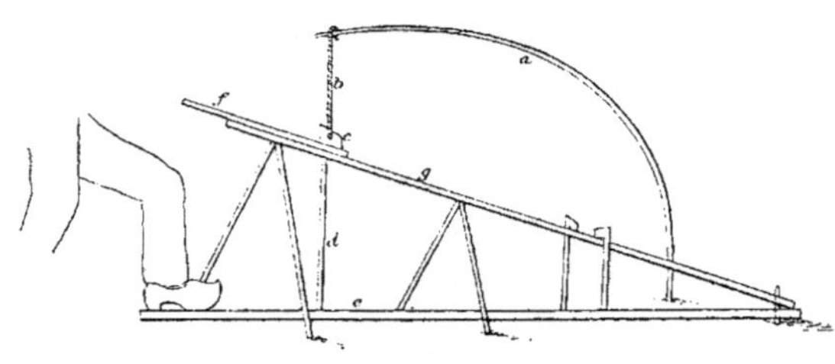

N° 5. Chevalet pour le planeur : *a* levier formé d'une tige de charme flexible, *b* corde, *c* tête du cheval, *d* tige du cheval, *e* planche mobile sur laquelle on appuie le pied pour serrer une douve *f* sur une autre planche *g*, qui est fixe.

N° 6. Plane. Le fer a 0ᵐ,25 à 0ᵐ,30 de longueur.

N° 7. Merrain mis en meule.

5° NOMENCLATURE DES BOIS DE BROSSES.

1° BOIS GARNIS.

DÉNOMINATIONS.	LONGUEURS. depuis m. c.	LONGUEURS. jusqu'à m. c.	LARGEURS. depuis m. c.	LARGEURS. jusqu'à m. c.	ÉPAISSEURS. depuis m. c.	ÉPAISSEURS. jusqu'à m. c.	NOMBRE D'ÉCHANTILLONS.	OBSERVATIONS.
Bois limande (forme poisson).........	0 15	0 30	0 18	0 15	0 015	0 02	15	Dont 10 pour chiendent par trou et 6 pour soie.
Bois plat..........	0 15	0 30	0 07	0 10	0 015	0 015	40	Il existe aussi le bouchon ovale rond et le demi-rond.
Bois à parquet (sans et avec cordons)......	0 20	0 30	0 07	0 10	0 025	//	10	Le cent de bois à cordon est vendu de 25 à 3o fr.
Bois cintré (*dit* entre-deux)...........	0 20	0 30	0 07	0 10	0 015	//	15	
Bois à cirage........	0 17	0 25	0 06	0 07	0 015	0 02	10	
Bois fin plat (pour ha-bit).............	0 10	0 22	0 04	0 07	0 015	0 02	40	Garniture chiendent, soie et crin.
Bois *dit* navette plate (pour la troupe)....	0 10	0 20	0 05	0 08	6 02	//	15	
Bois *dit* navette cintrée ou vergette........	0 08	0 25	0 05	0 08	0 015	//	30	
Bois de deux faces, avec manche (pour la troupe)........	0 15	0 22	0 025	0 05	0 01	//	2	Compris manche ayant de 0^m,o6 à 0^m,10.
Bois à boutons ou co-mète, pour la troupe (infanterie et cava-lerie)...........	0 25	0 33	0 03	0 04	0 01	//	2	
Bois à tête avec manche.	0 15	0 25	0 04	0 055	0 01	//	2	Manche compris pour 1/2.
Bois à bouchon pointu.	0 20	0 30	0 05	0 07	0 015	//	5	
Bois platines fusil pour la troupe......... Tête..... / Manche...	0 03 / 0 03	0 04 / 0 035	0 017	0 022	0 005	//	2	
Bois à girafe ou bois à laver...........	0 15	0 20	0 05	0 06	0 015	//	4	
Bois rond pour cor-royeurs..........	//	//	//	//	//	//	2	Diam. de o 12 à o 15 Long. du manche. » o 20 Diam. du manche. o o25 o o3
Bois rond pour peintres.	//	//	//	//	//	//	2	Diam. de o 15 à o 17 Long. du manche.. » o 20 Diam. du manche.. o o3 o o35

DÉNOMINATIONS.		DIMENSIONS.						NOMBRE D'ÉCHANTILLONS.	OBSERVATIONS.
		LONGUEURS.		LARGEURS.		ÉPAISSEURS.			
		depuis m. c.	jusqu'à m. c.	depuis m. c.	jusqu'à m. c.	depuis m. c.	jusqu'à m. c.		
Bois rond pour argenterie.............		//	//	//	//	//	//	3	Diam. de 0 08 à 0 12 / Long. du manche.. // 0 20 / Diam. du manche.. // 0 20
Limande fine à biseau		0 15	0 22	0 08	0 12	//	0 015	10	
Bois ovale pour harnais.		0 18	0 22	0 06	0 08	//	0 018	2	Il existe aussi le bois rond.
Bois à fourneaux, cuisinières, etc. avec poignée.............		0 15	0 225	0 07	0 085	0 015	0 018	4	Hauteur du cintre, 0m,05.
	Poignée..	0 12	0 17	//	0 015	//	0 013		
Plaques pour bouchons ou pour pieds.....		0 25	0 29	//	0 07	//	0 006	3	
Bois pour graisser les pieds des chevaux...		0 18	0 27	0 04	0 07	//	0 015	15	
Bois carré pour lessive.		0 14	0 21	0 06	0 75	0 015	0 02	6	
Bois rond pour lessive.		//	//	//	//	0 015	0 02	6	Diamètre moyen de 0m,08 à 0m,10.
Bois pour chapeliers ..		0 19	0 30	0 06	0 10	//	0 0033	5	
Bois dit écrevisse.....		//	0 21	//	0 07	//	0 015	4	Il existe aussi le bois écrevisse avec cordons aux deux extrémités formant fer à cheval (37 éch^ons).
Bois hollandais......		//	0 19	//	0 055	//	0 02	3	
Bois tisserand........		//	0 24	//	0 07	//	0 015	2	
Bois lave-place, maison, pont, etc. avec tête au-dessous ayant deux trous de chaque côté.............		0 15	0 30	0 08	0 12	6	0 02	10	Les deux trous percés sont destinés pour le manche.
	Tête	0 20	0 28	0 08	0 12	//	0 05		
Bois lave-pont, vaisseau et navire, avec tête se démontant......		//	0 32	//	0 15	//	0 055	2	Deux trous existent aussi pour le manche.
Bois pour brasseurs....		//	0 21	//	0 07	//	0 016	10	Il en existe aussi avec cordons comme pour les écrevisses.
Bois à plumeaux.....	Nombre..	//	0 42	//	//	//	//	15	Diam. 0m,025 / Diam. 0 045 — Dans un mèt. cube il en sort 650.
	Tête....	//	0 05	//	//	//	//		
Bois pour tailleurs (marque courante).....		//	0 20	//	0 08	//	0 015	10	1,800 dans un mètre cube.
Bois plat pour évier...		//	0 19	//	0 07	//	0 015	15	2,500 dans un mètre cube.
Bois rond pour évier..		0 14	0 21	0 08	0 075	0 015	0 02	6	
Bois à cylindre pour fabriques de coton ...		0 13	0 20	//	//	//	//	//	Diamètre 0m,035. Le cylindre est mis dans une branche en fer qui tourne. On en fournit beaucoup pour Saint-Quentin.
Bois plat pour argenterie	Tête	//	0 16	0 04	0 05	//	0 01	30	Il existe aussi le bois cintré (25 échantillons).
	Manche..	//	0 165	//	0 03	//	0 01		

15.

DÉNOMINATIONS.		DIMENSIONS.					NOMBRE D'ÉCHANTILLONS.	OBSERVATIONS.
		LONGUEURS.		LARGEURS.		ÉPAISSEURS.		
		depuis	jusqu'à	depuis	jusqu'à	depuis	jusqu'à		
		m. c.	m. c.	m. c.	m. c.	m. c.	m. c.		
Bois pointu pour argen-	Tête....	»	0 165	0 03	0 04	»	0 01	25	3,000 au mètre cube.
terie..............	Manche..	»	0 125	»	0 03	»	0 01		
Bois pour graisser les	Tête....	»	0 17	»	0 07	»	0 016	15	2,500 dans un mètre cube.
machines.........	Manche..	»	0 16	»	0 025	0 015	0 016		
Bois militaires *dit* Ti-	Tête.....	»	0 12	»	0 055	»	0 01	»	6,000 dans un mètre cube.
tus	Manche..	»	0 11	»	0 03	»	0 03		
Bois cintré pour habit.		0 15	0 20	0 06	0 08	»	0 01	10	
Bois pour mains et	Tête.....	»	0 095	»	0 033	»	0 005	»	Articles bourgeois.
ongles..........	Manche..	»	0 10	»	0 033	»	0 005		
Bois pour chevaux....	Tête moyenne.	»	0 12	»	0 05	»	0 008	»	*Idem.*
	Manche...	»	0 095	»	0 03	»	0 03		
Bois à balais (crin en soie.............	Moyenn.	»	0 45	»	0 085	»	0 03	10	Un trou seulement au milieu pour le manche.
Bois *dit* patte à balai...		»	0 20	»	0 07	» Compris évidemment.	0 02	»	35 douzaines de pattes à balai dans un mètre cube. Les bois reviennent de Lorraine pour une grande partie.

2° BOIS NON GARNIS.

CENT.	DOU-ZAINE.	DÉNOMINATION DES BOIS.	PRIX DE VENTE.
			fr. c.
»	1	Vergette anglais, épais...........................	5 25
100	»	Comètes, arrondis..............................	4 50
100	»	Spatules, 1 rang...............................	3 15
100	»	Limandes, 19 rangs, garnis.......................	24 00
100	»	———— 17 rangs, garnis......................	22 00
»	12	Argenterie, 4 rangs, pointu, 24 trous.................	14 00
»	2	———— 10 rangs, rigaul.....................	7 50
»	3	———— 8 rangs, rigaul.....................	10 51
»	3	———— 7 rangs.........................	9 75
»	12	———— 4 rangs, 19 trous...................	10 00
100	»	8 pouces, 8 rangs, cintré rond......................	10 30
100	»	Spatules, 3 rangs, rond et pointu....................	2 00

CENT.	DOUZAINE.	DÉNOMINATION DES BOIS.	PRIX DE VENTE.
			fr. c.
100	//	Bois à émousser les arbres, 3 rangs	14 70
100	//	——————————— 2 rangs	13 90
100	//	Chiens ronds, 18 lignes	6 25
100	//	——————— 16 lignes	5 50
100	//	——————— 15 lignes	5 00
100	//	Bois à graisse	7 50
100	//	Limandes, 15 rangs	24 00
100	//	—— 16 rangs	27 00
100	//	Spatules, 4 rangs, manche cuiller	4 50
//	1	Bois à colleur, 5 rangs, 9 pouces	3 50
100	//	Spatules, 2 rangs	1 75
100	//	———— 4 rangs	2 40
100	//	Cirage, 6 rangs, 6 pouces	3 80
100	//	Bois, 8 et 5, une face	3 50
100	//	Plaques à passe-partout	1 50
//	1	Bois à bain, 7 rangs, 1 cordon	5 00
//	1	——————— 6 rangs, sans cordon	2 35
//	1	——————— 6 rangs, à cordon	2 50
//	1	——————— 7 rangs, sans cordon	2 40
//	1	Grosse argenterie, 7 rangs, 24 trous	14 00
100	//	Bois à doreur	13 00
100	//	Bois 12 et 15, carrés longs	8 00
100	//	Bois à graisse, cintrés	7 10
//	//	Une grosse de corbins, 4 rangs	10 00
//	//	——————————— 3 rangs	9 75
100	//	Bois de satin	17 50
100	//	Cirage, 6 pouces, 6 rangs	4 10
100	//	Bois à brasseur	23 00
100	//	Bois à cirage, 7 pouces, 7 rangs	5 50
//	1	Argenterie rigaul, 10 rangs	3 75
//	1	——————— 8 rangs	3 50
//	1	——————— 6 rangs	3 25
//	1	Argenterie de bois à fond, 7 pouces	8 50
100	//	Vergettes ordinaires, rainées	7 00
100	//	Navettes, 9 pouces, 9 rangs, cintrées	11 25

CENT.	DOU-ZAINE.	DÉNOMINATION DES BOIS.	PRIX DE VENTE.
			fr. c.
100	"	Girafes 9 et 4	4 25
100	"	Comètes de 1 pouce, grandes	6 00
100	"	———————— petites	5 00
100	"	Bois à liens, 3 rangs	10 00
100	"	———————— 5 rangs	12 00
100	"	Bois à frotter 16 et 8, conservateur	28 00
100	"	———————— 14 et 7, conservateur	24 00
100	"	———————— 18 et 9, conservateur, 2 cordons	29 00
100	"	———————— 18 et 8, conservateur, 1 cordon	24 00
100	"	———————— 16 et 8, conservateur, 1 cordon	18 00
100	"	———————— 14 et 7, conservateur, 2 cordons	18 00
100	"	———————— 14 et 7, conservateur, 1 cordon	15 50
100	"	———————— 16 et 8, ordinaire	14 00
100	"	———————— 14 et 7, ordinaire	12 50
100	"	———————— 16 et 8, ordinaire, 2 cordons	24 00
"	2	Plumeaux vernis	7 45
100	"	Bois à frotter, 10 lignes	17 00
"	1	Lave-place 16 et 8 lignes, 1 cordon	4 75
"	1	———————— 16 et 8, ordinaire	4 10
"	1	———————— 14 et 7, 1 cordon	3 80
"	1	———————— 14 et 7, ordinaire	3 20
"	1	———————— 16 sur 6, ordinaire	2 90
"	1	———————— 10, 12 et 14 sur 6, ordinaire	2 70
"	1	———————— 16 sur 5, ordinaire	2 70
"	1	———————— 10, 12 et 14 sur 5, ordinaire	2 60
100	"	Bois imprimeur, grands	26 00
100	"	———————— moyens	24 00
100	"	———————— petits	19 00
100	"	Bois à frotter tirés 16 et 8, sciés	16 50
100	"	———————— 14 et 7, sciés	14 00
100	"	Bois à liens, 6 rangs	20 00
"	1	Bateaux, 20 trous de long	5 10
"	1	Bois à fond, 6 pouces	7 00
"	1	Bois à meubles, petits	12 00
"	1	———————— grands	14 00

CENT.	DOU-ZAINE.	DÉNOMINATION DES BOIS.	PRIX DE VENTE.	
			fr.	c.
100	//	Bois harnais, 8 pouces, épais....................................	22	00
100	//	Chiens carrés	11	00
100	//	Bois à fabrique (*dit* girafe).....................................	5	50
100	//	Bois à pied pour cheval..	10	00
100	//	——————— Titus	3	75
100	//	Moustaches	1	00
100	//	Bois pour les pharmaciens, pour compter les pilules..............	125	00
		BOIS POUR BROSSES À HABIT.		
//	1	Vergettes cintrées, bombées, 9 pouces, 13 rangs	4	00
//	1	——————— droites, bombées, 7 pouces, 10 rangs................	2	50
//	1	Navettes pointues, 8 pouces....................................	2	50
//	1	Billard carré soie, 8 pouces....................................	5	00
//	1	——————— chiendent (lin), 8 pouces...........................	4	00
		ARTICLES POUR LA SELLERIE.		
//	1	Limandes bombées, à biseau, 17 rangs..........................	6	00
//	1	————————— demi-bombées, 17 rangs......................	4	50
//	1	————————— pelotes ordinaires, 17 rangs...................	4	00
//	1	Bois à harnais, 8 pouces, 9 rangs..............................	3	00
//	1	Limandes (tête évasée)..	8	00

www.ingramcontent.com/pod-product-compliance
Lightning Source LLC
Chambersburg PA
CBHW051546050726
47595CB00002B/653